线性代数习题册

姚玲玲　沈 亮　张小向　陈建龙　编著

东南大学出版社
SOUTHEAST UNIVERSITY PRESS
·南京·

内 容 提 要

本书为东南大学国家级一流本科课程"线性代数"课程的配套教学用书，以陈建龙等编写的《线性代数》(获得首届全国优秀教材二等奖)教材为参考，按照16个教学周(每周4学时)的教学计划配备练习，内容包括矩阵、n维向量、线性方程组、矩阵的特征值与特征向量、二次型、线性空间等。同时，为方便学生复习迎考，在第八教学周和第十六教学周后分别提供几套往年期中和期末考试真题卷，并提供答案，用于学生自我检测，查漏补缺。

本书既可作为高等院校大一年级理工科类、经管类学生学习"线性代数"课程的辅导用书，也可作为考研人员的相关复习用书。

图书在版编目(CIP)数据

线性代数习题册 / 姚玲玲等编著. — 南京 ：东南大学出版社，2023.8(2025.2 重印)

ISBN 978-7-5766-0825-0

Ⅰ. ①线… Ⅱ. ①姚… Ⅲ. ①线性代数-高等学校-习题集 Ⅳ. ①O151.2-44

中国国家版本馆 CIP 数据核字(2023)第 140721 号

责任编辑:吉雄飞　**责任校对**:韩小亮　**封面设计**:顾晓阳　**责任印制**:周荣虎

线性代数习题册 Xianxing Daishu Xitice

编　　著	姚玲玲　沈亮　张小向　陈建龙
出版发行	东南大学出版社
社　　址	南京市四牌楼 2 号(邮编:210096)
出 版 人	白云飞
经　　销	全国各地新华书店
印　　刷	苏州市古得堡数码印刷有限公司
开　　本	787 mm×1092 mm　1/16
印　　张	10.25
字　　数	256 千字
版　　次	2023 年 8 月第 1 版
印　　次	2025 年 2 月第 4 次印刷
书　　号	ISBN 978 - 7 - 5766 - 0825 - 0
定　　价	30.00 元

本社图书若有印装质量问题，请直接与营销部联系，电话:025 - 83791830。

前　言

线性代数是高等学校理、工、经、管等多个专业必修的公共基础课，对后续相关课程的学习乃至科学研究以及工程实践都会起到重要的作用。与其它课程相比，线性代数课程的内容更具抽象性和逻辑性，这给学习这门课程的大一新生带来了很大的挑战。要学好这门课程，及时做适量的习题是非常必要的。

本书以陈建龙等编写的《线性代数》为参考，按照 16 个教学周（每周 4 学时）的教学计划配备练习，内容包括矩阵、n 维向量、线性方程组、矩阵的特征值与特征向量、二次型、线性空间等。同时，为了方便教师掌握教学进度以及学生抓住教学重点，在每周课后练习的前面列出了本周要求掌握的主要知识点。

鉴于大学阶段的学习不适合采用"题海战术"，因此在设计练习题时，我们遵循了少而精的原则。本书中的练习题侧重于帮助学生理解基本概念，领悟基本原理，掌握基本方法。题型包括计算题、证明题、判断题和思考题，其中，计算题旨在培养学生的运算能力，证明题侧重于培养学生的逻辑推理能力，判断题则用来帮助学生梳理一些容易出错的知识点及掌握一些常用的基本结论，思考题引导学生对所学知识进行总结或者进一步探究具有一定的挑战性的问题。

为方便学生复习迎考，在第八教学周和第十六教学周后分别提供几套往年期中和期末考试真题卷，并提供答案，用于学生自我检测，查漏补缺。

这是我们初次尝试编写线性代数习题册，其中难免有疏漏和不足，欢迎广大读者和同行批评指正。

最后，感谢东南大学线性代数课程教学团队和东南大学出版社对本书出版的大力支持。

编　者

2023 年 7 月

目　录

教学周一　矩阵(1)

一、主要知识点

矩阵的定义、矩阵的加法、矩阵的数乘、矩阵的乘法、方阵的幂、方阵的多项式.

二、课后练习

1. 已知矩阵 $\boldsymbol{A}=\begin{bmatrix}1 & 2\\3 & 4\end{bmatrix}$,$\boldsymbol{B}=\begin{bmatrix}1 & 3\\2 & 4\end{bmatrix}$,计算$\frac{1}{2}(\boldsymbol{A}+\boldsymbol{B})$和$\frac{1}{2}(\boldsymbol{A}-\boldsymbol{B})$.

2. 已知矩阵 $\boldsymbol{A}=\begin{bmatrix}1 & 0\\2 & 1\end{bmatrix}$,$\boldsymbol{B}=\begin{bmatrix}1 & 3\\2 & 4\end{bmatrix}$,计算 $\boldsymbol{AB}$ 和 $\boldsymbol{BA}$.

3. 已知矩阵 $\boldsymbol{A}=\begin{bmatrix}0 & 1/2 & 1/2\\1 & 0 & a\\1/3 & 1/3 & 1/3\end{bmatrix}$,$\boldsymbol{\xi}=\begin{bmatrix}1\\1\\1\end{bmatrix}$满足 $\boldsymbol{A\xi}=\lambda\boldsymbol{\xi}$,其中 a,λ 为实数,求 a,λ 的值.

4. 计算$(x_1,x_2,x_3)\begin{bmatrix}1 & 3 & 0\\ 1 & 2 & 1\\ 0 & 1 & -3\end{bmatrix}\begin{bmatrix}x_1\\ x_2\\ x_3\end{bmatrix}$.

5. 已知矩阵$\boldsymbol{A}=\begin{bmatrix}1 & 0\\ a & 0\end{bmatrix}$,其中 a 为实数,计算 $\boldsymbol{A}^2$ 和 $\boldsymbol{A}^3$.

6. 已知矩阵$\boldsymbol{A}=\begin{bmatrix}0 & 0 & 0\\ 1 & 0 & 0\\ 0 & 1 & 0\end{bmatrix}$,计算 $\boldsymbol{A}^2$ 和 $\boldsymbol{A}^3$.

7. 设 $\boldsymbol{\alpha}=\begin{bmatrix}1\\1\\1\end{bmatrix}$，$\boldsymbol{\beta}=(1,2,-4)$，求 $\boldsymbol{\alpha\beta}$，$\boldsymbol{\beta\alpha}$ 和 $(\boldsymbol{\alpha\beta})^{100}$.

8. 已知矩阵 $\boldsymbol{A}=\begin{bmatrix}1&3\\0&2\end{bmatrix}$，多项式 $f(x)=x^2-3x+2$，求 $f(\boldsymbol{A})$.

9. 已知矩阵 $\boldsymbol{A}=\begin{bmatrix}a&0\\0&b\end{bmatrix}$，其中 $a\neq b$，证明：若 $\boldsymbol{A}$ 与 $\boldsymbol{B}$ 可交换(即 $\boldsymbol{A}$ 与 $\boldsymbol{B}$ 满足 $\boldsymbol{AB}=\boldsymbol{BA}$)，则 $\boldsymbol{B}$ 必为二阶对角矩阵.

10. 判断题.

(1) 任何两个矩阵 $\boldsymbol{A}$ 与 $\boldsymbol{B}$ 都可以相加. (　　)

(2) 任何两个矩阵 $\boldsymbol{A}$ 与 $\boldsymbol{B}$ 都可以相乘. (　　)

(3) 设 $\boldsymbol{AB}=\boldsymbol{E}=\boldsymbol{BC}$,其中 $\boldsymbol{E}$ 为单位矩阵,则 $\boldsymbol{A}=\boldsymbol{C}$. (　　)

(4) $(\boldsymbol{A}+\boldsymbol{B})^2=\boldsymbol{A}^2+2\boldsymbol{AB}+\boldsymbol{B}^2$ 对于任何两个 n 阶方阵 $\boldsymbol{A}$ 与 $\boldsymbol{B}$ 都成立. (　　)

(5) $(\boldsymbol{A}+\boldsymbol{B})(\boldsymbol{A}-\boldsymbol{B})=\boldsymbol{A}^2-\boldsymbol{B}^2$ 对于任何两个 n 阶方阵 $\boldsymbol{A}$ 与 $\boldsymbol{B}$ 都成立. (　　)

(6) 设 $\boldsymbol{A}$ 为 n 阶方阵,$f(x)$和 $g(x)$为多项式,若 $\boldsymbol{B}=f(\boldsymbol{A})$,$\boldsymbol{C}=g(\boldsymbol{A})$,则 $\boldsymbol{BC}=\boldsymbol{CB}$. (　　)

(7) 设矩阵 $\boldsymbol{A}$ 与 $\boldsymbol{B}$ 满足 $\boldsymbol{AB}=\boldsymbol{O}$,其中 $\boldsymbol{A}\neq\boldsymbol{O}$,则 $\boldsymbol{B}=\boldsymbol{O}$. (　　)

(8) 设矩阵 $\boldsymbol{A}$ 满足 $\boldsymbol{A}^2=\boldsymbol{A}$,则 $\boldsymbol{A}=\boldsymbol{O}$ 或 $\boldsymbol{A}=\boldsymbol{E}$. (　　)

(9) 设矩阵 $\boldsymbol{A}$ 满足 $\boldsymbol{A}^2=\boldsymbol{O}$,则 $\boldsymbol{A}=\boldsymbol{O}$. (　　)

(10) 设矩阵 $\boldsymbol{X}$ 满足 $\boldsymbol{XA}=\boldsymbol{A}$,其中 $\boldsymbol{A}$ 为任意的三阶方阵,则 $\boldsymbol{X}$ 为三阶单位矩阵. (　　)

三、思考题

本周所学的矩阵运算与数的运算有哪些异同点?

教学周二　矩阵(2)

一、主要知识点

矩阵的转置、对称矩阵、反对称矩阵、分块矩阵、矩阵的初等变换、初等矩阵、行阶梯形矩阵、行最简形矩阵、矩阵等价、矩阵的等价标准形.

二、课后练习

1. 已知矩阵 $\boldsymbol{A}=\begin{bmatrix}1 & 0 & 0\\0 & 1 & 0\end{bmatrix}$,计算 $\boldsymbol{A}\boldsymbol{A}^{\mathrm{T}}$ 和 $\boldsymbol{A}^{\mathrm{T}}\boldsymbol{A}$.

2. 已知矩阵 $\boldsymbol{A},\boldsymbol{B},\boldsymbol{P},\boldsymbol{Q}$ 满足

$$\boldsymbol{P}^{\mathrm{T}}\boldsymbol{A}\boldsymbol{P}=\begin{bmatrix}1 & 0\\0 & 2\end{bmatrix},\quad \boldsymbol{Q}^{\mathrm{T}}\boldsymbol{B}\boldsymbol{Q}=\begin{bmatrix}-3 & 0\\0 & 0\end{bmatrix},$$

若 $\boldsymbol{O}=\begin{bmatrix}0 & 0\\0 & 0\end{bmatrix}$,求 $\begin{bmatrix}\boldsymbol{P} & \boldsymbol{O}\\\boldsymbol{O} & \boldsymbol{Q}\end{bmatrix}^{\mathrm{T}}\begin{bmatrix}\boldsymbol{A} & \boldsymbol{O}\\\boldsymbol{O} & \boldsymbol{B}\end{bmatrix}\begin{bmatrix}\boldsymbol{P} & \boldsymbol{O}\\\boldsymbol{O} & \boldsymbol{Q}\end{bmatrix}$.

3. 已知 $\boldsymbol{A},\boldsymbol{B},\boldsymbol{C},\boldsymbol{D}$ 为 n 阶方阵，$\boldsymbol{E}$ 为 n 阶单位矩阵，$\boldsymbol{O}$ 为 n 阶零矩阵，计算下列分块矩阵的乘积：(1) $\begin{bmatrix}\boldsymbol{O} & \boldsymbol{E}\\ \boldsymbol{E} & \boldsymbol{O}\end{bmatrix}\begin{bmatrix}\boldsymbol{A} & \boldsymbol{B}\\ \boldsymbol{C} & \boldsymbol{D}\end{bmatrix}$；(2) $\begin{bmatrix}\boldsymbol{A} & \boldsymbol{B}\\ \boldsymbol{C} & \boldsymbol{D}\end{bmatrix}\begin{bmatrix}\boldsymbol{O} & \boldsymbol{E}\\ \boldsymbol{E} & \boldsymbol{O}\end{bmatrix}$；(3) $\begin{bmatrix}\boldsymbol{E} & \boldsymbol{O}\\ \boldsymbol{A} & \boldsymbol{E}\end{bmatrix}\begin{bmatrix}\boldsymbol{E} & \boldsymbol{O}\\ -\boldsymbol{A} & \boldsymbol{E}\end{bmatrix}$.

4. 用初等行变换把矩阵 $\boldsymbol{A}=\begin{bmatrix}0 & 1 & 3\\ 2 & -6 & 0\end{bmatrix}$ 化为行最简形矩阵 $\boldsymbol{U}$，并把 $\boldsymbol{U}$ 表示为一些初等矩阵与 $\boldsymbol{A}$ 的乘积.

5. 用初等变换把矩阵 $\boldsymbol{A}=\begin{bmatrix}0 & 1 & 3\\ 2 & -6 & 0\end{bmatrix}$化为等价标准形.

6. 设 $\boldsymbol{P}=\begin{bmatrix}1 & 1\\ 0 & 1\end{bmatrix}$,$\boldsymbol{A}=\begin{bmatrix}1 & 1 & 0\\ 0 & 1 & -1\end{bmatrix}$,$\boldsymbol{Q}=\begin{bmatrix}1 & 0 & 0\\ 0 & 0 & 1\\ 0 & 1 & 0\end{bmatrix}$,计算 $\boldsymbol{P}^5\boldsymbol{A}\boldsymbol{Q}^{100}$.

7. 用初等行变换中的倍加变换把矩阵 $\boldsymbol{A}=\begin{bmatrix}0 & -1 & -1\\ 2 & 3 & 3\\ 1 & 1 & 1\end{bmatrix}$ 化为行阶梯形矩阵.

8. 用初等行变换中的倍加变换和倍乘变换把矩阵 $\boldsymbol{A}=\begin{bmatrix}0 & 1\\ 1 & 0\end{bmatrix}$ 化为行最简形矩阵.

9. 设 $\boldsymbol{A}$ 为实矩阵,证明:若 $\boldsymbol{A}^{\mathrm{T}}\boldsymbol{A}=\boldsymbol{O}$,则 $\boldsymbol{A}=\boldsymbol{O}$.

10. 判断题.

(1) $(\boldsymbol{AB})^{\mathrm{T}}=\boldsymbol{B}^{\mathrm{T}}\boldsymbol{A}^{\mathrm{T}}$ 对于任何两个 n 阶方阵 $\boldsymbol{A}$ 与 $\boldsymbol{B}$ 都成立. (　　)

(2) 设 $\boldsymbol{A}$ 与 $\boldsymbol{B}$ 都是 n 阶对称矩阵,k 和 l 是两个数,则 $k\boldsymbol{A}+l\boldsymbol{B}$ 也是对称矩阵. (　　)

(3) 设 $\boldsymbol{A}$ 与 $\boldsymbol{B}$ 都是 n 阶对称矩阵,则 $\boldsymbol{AB}$ 也是对称矩阵. (　　)

(4) 设 $\boldsymbol{A}$ 为方阵,则 $\boldsymbol{A}^{\mathrm{T}}+\boldsymbol{A}$ 为对称矩阵. (　　)

(5) 设 $\boldsymbol{A}$ 为方阵,则 $\boldsymbol{A}^{\mathrm{T}}-\boldsymbol{A}$ 为反对称矩阵. (　　)

(6) 设 $\boldsymbol{A}$ 为方阵,则存在对称矩阵 $\boldsymbol{B}$ 和反对称矩阵 $\boldsymbol{C}$ 使得 $\boldsymbol{A}=\boldsymbol{B}+\boldsymbol{C}$. (　　)

(7) 设 $\boldsymbol{A}+\boldsymbol{B}=\boldsymbol{C}+\boldsymbol{D}$,其中 $\boldsymbol{A},\boldsymbol{C}$ 为对称矩阵,$\boldsymbol{B},\boldsymbol{D}$ 为反对称矩阵,则 $\boldsymbol{A}=\boldsymbol{C},\boldsymbol{B}=\boldsymbol{D}$. (　　)

(8) 设 $\boldsymbol{A}$ 为 $m\times n$ 矩阵,则 $\boldsymbol{A}^{\mathrm{T}}\boldsymbol{A}$ 为对称矩阵. (　　)

(9) 若矩阵 $\boldsymbol{A}$ 与 $\boldsymbol{B}$ 等价,则 $\boldsymbol{A}^{\mathrm{T}}$ 与 $\boldsymbol{B}^{\mathrm{T}}$ 等价. (　　)

(10) 若 $\boldsymbol{A}$ 为方阵,则 $\boldsymbol{A}$ 与 $\boldsymbol{A}^{\mathrm{T}}$ 等价. (　　)

三、思考题

用初等行变换把一个矩阵 $\boldsymbol{A}$ 化为行阶梯形矩阵，结果是唯一的吗？化为行最简形呢？

教学周三　矩阵(3)

一、主要知识点

逆矩阵的定义、逆矩阵的性质、逆矩阵的计算、矩阵方程、行列式的定义、行列式的性质.

二、课后练习

1. 已知矩阵 $\boldsymbol{A}=\begin{bmatrix}1 & 2 & 0\\ 0 & 0 & 3\\ -1 & -1 & 0\end{bmatrix}$,求 $\boldsymbol{A}^{-1}$.

2. 已知矩阵 $\boldsymbol{A}=\begin{bmatrix}0 & 1 & 1\\ -2 & 0 & 0\\ 0 & 2 & 0\end{bmatrix}$,$\boldsymbol{B}=\begin{bmatrix}0 & 3\\ -4 & -2\\ 0 & -2\end{bmatrix}$满足 $\boldsymbol{AX}=2\boldsymbol{X}+\boldsymbol{B}$,求矩阵 $\boldsymbol{X}$.

3. 已知矩阵 $\boldsymbol{A}=\begin{bmatrix}2 & 0 & 0\\0 & 1 & 0\\-3 & 2 & 1\end{bmatrix}$，$\boldsymbol{B}=\begin{bmatrix}1 & 0 & 1\\1 & 0 & 0\\1 & -1 & 0\end{bmatrix}$满足 $2\boldsymbol{XA}=3\boldsymbol{X}+\boldsymbol{B}$，求矩阵 $\boldsymbol{X}$.

4. 设矩阵 $\boldsymbol{B}=\boldsymbol{P}^{-1}\boldsymbol{AP}$，多项式 $f(x)=a_nx^n+\cdots+a_1x+a_0$，证明：$f(\boldsymbol{B})=\boldsymbol{P}^{-1}f(\boldsymbol{A})\boldsymbol{P}$.

5. 已知 $\boldsymbol{A}$ 为三阶可逆矩阵，把 $\boldsymbol{A}$ 的第 2 行的 5 倍加到第 3 行得到矩阵 $\boldsymbol{B}$，求 $2\boldsymbol{B}\boldsymbol{A}^{-1}$.

6. 已知 $\boldsymbol{P}^{-1}\boldsymbol{A}\boldsymbol{P}=\boldsymbol{\Lambda}$，其中 $\boldsymbol{P}=\begin{bmatrix}1 & 3\\2 & 5\end{bmatrix}$，$\boldsymbol{\Lambda}=\begin{bmatrix}-1 & 0\\0 & 2\end{bmatrix}$，求 $\boldsymbol{A}^{10}$.

7. 已知 $\boldsymbol{A}$ 为三阶方阵，$\boldsymbol{\xi}_1,\boldsymbol{\xi}_2,\boldsymbol{\xi}_3$ 为三维列向量，$\boldsymbol{A}\boldsymbol{\xi}_1=\boldsymbol{\xi}_1+\boldsymbol{\xi}_2+\boldsymbol{\xi}_3$，$\boldsymbol{A}\boldsymbol{\xi}_2=\boldsymbol{\xi}_1+\boldsymbol{\xi}_2$，$\boldsymbol{A}\boldsymbol{\xi}_3=\boldsymbol{\xi}_1$. 若矩阵 $\boldsymbol{P}=(\boldsymbol{\xi}_1,\boldsymbol{\xi}_2,\boldsymbol{\xi}_3)$ 可逆，求 $\boldsymbol{P}^{-1}\boldsymbol{A}\boldsymbol{P}$.

8. 计算行列式 $\begin{vmatrix} 2 & 1 & -5 & 1 \\ 1 & -3 & 0 & -6 \\ 0 & 2 & -1 & 2 \\ 1 & 4 & -7 & 6 \end{vmatrix}$ 的值.

9. 计算行列式$\begin{vmatrix} 1 & 2 & 3 & 4 \\ 2 & 3 & 4 & 1 \\ 3 & 4 & 1 & 2 \\ 4 & 1 & 2 & 3 \end{vmatrix}$的值.

10. 判断题.

(1) 初等矩阵都可逆.　(　　)

(2) 初等矩阵的逆矩阵也是初等矩阵.　(　　)

(3) 设 $\boldsymbol{A}$ 与 $\boldsymbol{B}$ 都是 n 阶可逆矩阵,则$(\boldsymbol{AB})^{-1}=\boldsymbol{A}^{-1}\boldsymbol{B}^{-1}$.　(　　)

(4) 设 $\boldsymbol{AB}=\boldsymbol{AC}$,其中 $\boldsymbol{A}$ 为可逆矩阵,则 $\boldsymbol{B}=\boldsymbol{C}$.　(　　)

(5) 设 $\boldsymbol{A}$ 为 m 阶可逆矩阵,$\boldsymbol{B}$ 为 n 阶可逆矩阵,则对于任意的 $m\times n$ 矩阵 $\boldsymbol{C}$,存在唯一的 $m\times n$ 矩阵 $\boldsymbol{X}$,使得 $\boldsymbol{AXB}=\boldsymbol{C}$.　(　　)

(6) 设 $\boldsymbol{A}$ 与 $\boldsymbol{B}$ 都是 n 阶可逆矩阵,则 $\boldsymbol{A}+\boldsymbol{B}$ 也是 n 阶可逆矩阵. ( )

(7) 设 $\boldsymbol{A}$ 与 $\boldsymbol{B}$ 都是 n 阶可逆矩阵,并且 $\boldsymbol{AB}=\boldsymbol{BA}$,则 $\boldsymbol{A}^{-1}\boldsymbol{B}^{-1}=\boldsymbol{B}^{-1}\boldsymbol{A}^{-1}$. ( )

(8) 设 $\boldsymbol{A}$ 与 $\boldsymbol{B}$ 都是 n 阶方阵,则 $|\boldsymbol{A}+\boldsymbol{B}|=|\boldsymbol{A}|+|\boldsymbol{B}|$. ( )

(9) 设 $\boldsymbol{A}$ 为 n 阶方阵,$\boldsymbol{P}$ 为 n 阶初等矩阵,则 $|\boldsymbol{AP}|=|\boldsymbol{A}|\,|\boldsymbol{P}|=|\boldsymbol{P}|\,|\boldsymbol{A}|=|\boldsymbol{PA}|$. ( )

(10) 设 n 阶方阵 $\boldsymbol{A}$ 与 $\boldsymbol{B}$ 等价,则 $|\boldsymbol{A}|=0$ 当且仅当 $|\boldsymbol{B}|=0$. ( )

三、思考题

已知 $\boldsymbol{E}-\boldsymbol{AB}$ 可逆,其中 $\boldsymbol{A},\boldsymbol{B}$ 为 n 阶方阵,$\boldsymbol{E}$ 为单位矩阵,问 $\boldsymbol{E}-\boldsymbol{BA}$ 是否一定可逆?如果 $\boldsymbol{E}-\boldsymbol{BA}$ 可逆,$(\boldsymbol{E}-\boldsymbol{BA})^{-1}$ 与 $(\boldsymbol{E}-\boldsymbol{AB})^{-1}$ 有何联系?

教学周四　矩阵(4)

一、主要知识点

行列式的计算、行列式的乘法定理、伴随矩阵、Cramer 法则.

二、课后练习

1. 计算行列式 $\begin{vmatrix} 0 & \cdots & 0 & a_1 \\ 0 & \cdots & a_2 & 0 \\ \vdots & ⋰ & \vdots & \vdots \\ a_n & \cdots & 0 & 0 \end{vmatrix}$ 的值.

2. 计算 n 阶行列式 $\begin{vmatrix} a & b & 0 & \cdots & 0 & 0 \\ 0 & a & b & \cdots & 0 & 0 \\ 0 & 0 & a & \ddots & 0 & 0 \\ \vdots & \vdots & \vdots & \ddots & \ddots & \vdots \\ 0 & 0 & 0 & \cdots & a & b \\ b & 0 & 0 & \cdots & 0 & a \end{vmatrix}$ 的值.

3. 计算 n 阶行列式 $\begin{vmatrix} 0 & 1 & 1 & \cdots & 1 & 1 \\ 1 & 0 & 1 & \cdots & 1 & 1 \\ 1 & 1 & 0 & \cdots & 1 & 1 \\ \vdots & \vdots & \vdots & \ddots & \vdots & \vdots \\ 1 & 1 & 1 & \cdots & 0 & 1 \\ 1 & 1 & 1 & \cdots & 1 & 0 \end{vmatrix}$ 的值.

4. 计算 n 阶行列式 $\begin{vmatrix} 2 & -1 & 0 & 0 & \cdots & 0 & 0 \\ -1 & 2 & -1 & 0 & \cdots & 0 & 0 \\ 0 & -1 & 2 & -1 & \cdots & 0 & 0 \\ 0 & 0 & -1 & 2 & \cdots & 0 & 0 \\ \vdots & \vdots & \vdots & \ddots & \ddots & \vdots & \vdots \\ 0 & 0 & 0 & \cdots & -1 & 2 & -1 \\ 0 & 0 & 0 & \cdots & 0 & -1 & 2 \end{vmatrix}$ 的值.

5. 计算行列式$\begin{vmatrix} x & -1 & 0 & \cdots & 0 \\ 0 & x & -1 & \cdots & 0 \\ \vdots & \vdots & \ddots & \ddots & \vdots \\ 0 & 0 & \cdots & x & -1 \\ a_n & a_{n-1} & a_{n-2} & \cdots & x+a_1 \end{vmatrix}$的值.

6. 已知$\boldsymbol{A}=\begin{bmatrix} 1 & -3 & 7 \\ 2 & 4 & -3 \\ -3 & 7 & 2 \end{bmatrix}$,求其伴随矩阵$\boldsymbol{A}^*$.

7. 已知 $\boldsymbol{A}=\begin{bmatrix}1&3&0&0&0\\1&2&0&0&0\\0&0&1&1&1\\0&0&0&1&1\\0&0&0&0&1\end{bmatrix}$,求其伴随矩阵 $\boldsymbol{A}^*$.

8. 已知 $\boldsymbol{A}$ 是三阶方阵,且 $|\boldsymbol{A}|=-1$,计算 $|(2\boldsymbol{A})^{-1}-\boldsymbol{A}^*|$ 的值.

9. 用 Cramer 法则求解线性方程组$\begin{cases}2x_1-x_2+3x_3=1,\\ x_1-x_2+x_3=0,\\ 3x_1-x_2-x_3=0.\end{cases}$

10. 判断题.

(1) 设 $\boldsymbol{A}$ 与 $\boldsymbol{B}$ 都是 n 阶方阵，则 $|\boldsymbol{AB}|=|\boldsymbol{BA}|$. (　　)

(2) 设 $\boldsymbol{A}$ 与 $\boldsymbol{P}$ 都是 n 阶方阵，其中 $\boldsymbol{P}$ 可逆，则 $|\boldsymbol{P}^{-1}\boldsymbol{AP}|=|\boldsymbol{A}|$. (　　)

(3) 设矩阵 $\boldsymbol{A}$ 与 $\boldsymbol{B}$ 满足 $\boldsymbol{AB}=2\boldsymbol{A}+3\boldsymbol{B}$，则 $\boldsymbol{AB}=\boldsymbol{BA}$. (　　)

(4) 设矩阵 $\boldsymbol{A}$ 满足 $\boldsymbol{A}^2+2\boldsymbol{A}-3\boldsymbol{E}=\boldsymbol{O}$，数 k 满足 $k^2-2k-3\neq 0$，则 $k\boldsymbol{E}+\boldsymbol{A}$ 可逆. (　　)

(5) 设 $\boldsymbol{A}$ 为 m 阶方阵，$\boldsymbol{B}$ 为 n 阶方阵，则分块矩阵 $\begin{bmatrix}\boldsymbol{O} & \boldsymbol{A}\\ \boldsymbol{B} & \boldsymbol{O}\end{bmatrix}$ 可逆当且仅当 $\boldsymbol{A}$ 与 $\boldsymbol{B}$ 都可逆.

(　　)

(6) 设 $\boldsymbol{A}$ 为二阶方阵,$\boldsymbol{B}$ 为三阶方阵,则$\begin{bmatrix}\boldsymbol{A} & \boldsymbol{O}\\ \boldsymbol{O} & \boldsymbol{B}\end{bmatrix}$的伴随矩阵是$\begin{bmatrix}\boldsymbol{A}^* & \boldsymbol{O}\\ \boldsymbol{O} & \boldsymbol{B}^*\end{bmatrix}$. (　　)

(7) 设 $\boldsymbol{A}$ 与 $\boldsymbol{B}$ 都是 n 阶可逆矩阵(其中 $n\geqslant 2$),则 $\boldsymbol{AB}$ 的伴随矩阵 $(\boldsymbol{AB})^*=\boldsymbol{B}^*\boldsymbol{A}^*$. (　　)

(8) 设 $\boldsymbol{A}$ 与 $\boldsymbol{B}$ 都是 n 阶方阵(其中 $n\geqslant 2$),则 $\boldsymbol{A}+\boldsymbol{B}$ 的伴随矩阵 $(\boldsymbol{A}+\boldsymbol{B})^*=\boldsymbol{A}^*+\boldsymbol{B}^*$.
(　　)

(9) 设 $\boldsymbol{A}$ 为 n 阶方阵(其中 $n\geqslant 2$),则其伴随矩阵的行列式 $|\boldsymbol{A}^*|=|\boldsymbol{A}|^{n-1}$. (　　)

(10) 设 n 阶矩阵 $\boldsymbol{A}$ 可逆($n\geqslant 2$),则其伴随矩阵 $\boldsymbol{A}^*$ 也可逆,且 $(\boldsymbol{A}^*)^{-1}=(\boldsymbol{A}^{-1})^*$. (　　)

三、思考题

设 $\boldsymbol{A},\boldsymbol{B}$ 均为 n 阶方阵($n\geqslant 2$),问 $(\boldsymbol{AB})^*=\boldsymbol{B}^*\boldsymbol{A}^*$ 是否成立?请给出证明或举出反例.

教学周五　矩阵(5)

一、主要知识点

矩阵秩的定义、矩阵秩的等式、矩阵秩的不等式.

二、课后练习

1. 求矩阵 $\boldsymbol{A}=\begin{bmatrix}1 & -1 & 0 & -1 & -2\\ -1 & 2 & 1 & 3 & 6\\ 0 & 1 & 1 & 2 & 4\\ 0 & -1 & -1 & 1 & 2\end{bmatrix}$ 的秩.

2. 已知矩阵 $\boldsymbol{A}=\begin{bmatrix}3 & 3 & a\\ 3 & a & 3\\ a & 3 & 3\end{bmatrix}$ 的秩为 2,求 a 的值.

3. 已知矩阵$\boldsymbol{A}=\begin{bmatrix}1 & -1 & 1 & 2\\ 3 & \lambda & -1 & 2\\ 5 & 3 & \mu & 6\end{bmatrix}$的秩为 2，求 λ 与 μ 的值.

4. 已知四阶方阵 $\boldsymbol{A}$ 的秩为 2，求其伴随矩阵 $\boldsymbol{A}^*$ 的秩.

5. 已知四阶方阵 $\boldsymbol{A}$ 的秩为 4,求其伴随矩阵 $\boldsymbol{A}^*$ 的秩.

6. 已知四阶方阵 $\boldsymbol{A}$ 的秩为 3,求其伴随矩阵 $\boldsymbol{A}^*$ 的秩.

7. 已知四阶方阵 $\boldsymbol{A}$ 满足 $\boldsymbol{A}^2=\boldsymbol{E}$,求 $\mathrm{r}(\boldsymbol{A}+\boldsymbol{E})+\mathrm{r}(\boldsymbol{A}-\boldsymbol{E})$.

8. 已知 $\boldsymbol{ABC}=\boldsymbol{O}$,其中 $\boldsymbol{A},\boldsymbol{B},\boldsymbol{C}$ 都是 n 阶方阵,证明:$\mathrm{r}(\boldsymbol{A})+\mathrm{r}(\boldsymbol{B})+\mathrm{r}(\boldsymbol{C})\leqslant 2n$.

9. 已知矩阵 $\boldsymbol{A}=\begin{bmatrix}1 & 2 & 1\\0 & 1 & -1\\1 & 3 & 0\end{bmatrix}$，求一个 3×2 矩阵 $\boldsymbol{B}$ 和一个 2×3 矩阵 $\boldsymbol{C}$ 使得 $\boldsymbol{A}=\boldsymbol{BC}$.

10. 判断题.

(1) 设 $\boldsymbol{A}$ 为一个 $m\times n$ 矩阵，$\boldsymbol{B}$ 为一个 $n\times m$ 矩阵，若 $m>n$，则 $|\boldsymbol{AB}|=0$.　(　　)

(2) 设 $\boldsymbol{A}$ 与 $\boldsymbol{B}$ 都是 $m\times n$ 矩阵，则 $\boldsymbol{A}$ 与 $\boldsymbol{B}$ 等价当且仅当 $\mathrm{r}(\boldsymbol{A})=\mathrm{r}(\boldsymbol{B})$.　(　　)

(3) 设四阶方阵 $\boldsymbol{A}$ 不可逆，则 $(\boldsymbol{A}^*)^*=\boldsymbol{O}$.　(　　)

(4) 设 $\boldsymbol{A}$ 为二阶方阵，则 $\mathrm{r}(\boldsymbol{A}^*)=\mathrm{r}(\boldsymbol{A})$.　(　　)

(5) 设 $\boldsymbol{A}$ 为 n 阶方阵(其中 $n>2$). 若 $\mathrm{r}(\boldsymbol{A}^*)=\mathrm{r}(\boldsymbol{A})$，则要么 $\boldsymbol{A}=\boldsymbol{O}$ 要么 $\boldsymbol{A}$ 可逆.　(　　)

(6) 设 $\boldsymbol{A}$ 与 $\boldsymbol{B}$ 都是 $m\times n$ 矩阵,则 $\mathrm{r}(\boldsymbol{A}+\boldsymbol{B})\geqslant \mathrm{r}(\boldsymbol{A})-\mathrm{r}(\boldsymbol{B})$. ( )

(7) 设 $\boldsymbol{A}$ 为三阶方阵,则存在正整数 $k\leqslant 3$ 使得 $\mathrm{r}(\boldsymbol{A}^k)=\mathrm{r}(\boldsymbol{A}^{k+1})$. ( )

(8) 设 $\boldsymbol{A}$ 与 $\boldsymbol{B}$ 都是 n 阶方阵,$\boldsymbol{E}$ 为 n 阶单位矩阵,则 $\mathrm{r}(\boldsymbol{E}-\boldsymbol{AB})=\mathrm{r}(\boldsymbol{E}-\boldsymbol{BA})$. ( )

(9) 设 $\boldsymbol{A}$ 与 $\boldsymbol{B}$ 都是 n 阶方阵,则分块矩阵 $(\boldsymbol{A},\boldsymbol{B})$ 与 $\begin{bmatrix}\boldsymbol{A}\\ \boldsymbol{B}\end{bmatrix}$ 具有相同的秩. ( )

(10) 设 n 阶方阵 $\boldsymbol{A}$ 的秩 $\mathrm{r}(\boldsymbol{A})=r\geqslant 1$,则存在 n 维列向量 $\boldsymbol{\alpha}_1,\cdots,\boldsymbol{\alpha}_r,\boldsymbol{\beta}_1,\cdots,\boldsymbol{\beta}_r$,使得 $\boldsymbol{A}=\boldsymbol{\alpha}_1\boldsymbol{\beta}_1^{\mathrm{T}}+\cdots+\boldsymbol{\alpha}_r\boldsymbol{\beta}_r^{\mathrm{T}}$. ( )

三、思考题

分块矩阵 $\begin{bmatrix}\boldsymbol{A} & \boldsymbol{O}\\ \boldsymbol{C} & \boldsymbol{B}\end{bmatrix}$ 中 $\boldsymbol{A},\boldsymbol{B},\boldsymbol{C}$ 满足什么条件时,$\mathrm{r}\left(\begin{bmatrix}\boldsymbol{A} & \boldsymbol{O}\\ \boldsymbol{C} & \boldsymbol{B}\end{bmatrix}\right)=\mathrm{r}(\boldsymbol{A})+\mathrm{r}(\boldsymbol{B})$?

教学周六　n 维向量(1)

一、主要知识点

n 维向量的加法、n 维向量的数乘、线性组合、线性表示、向量组的等价、向量组的秩.

二、课后练习

1. 设 $\boldsymbol{\alpha}_1,\boldsymbol{\alpha}_2,\boldsymbol{\alpha}_3$ 为 n 维行向量，$\boldsymbol{\beta}_1=\boldsymbol{\alpha}_1+\boldsymbol{\alpha}_2,\boldsymbol{\beta}_2=\boldsymbol{\alpha}_2+\boldsymbol{\alpha}_3,\boldsymbol{\beta}_3=\boldsymbol{\alpha}_1+\boldsymbol{\alpha}_3$，求一个矩阵 $\boldsymbol{C}$ 使得

$$\begin{bmatrix}\boldsymbol{\beta}_1\\\boldsymbol{\beta}_2\\\boldsymbol{\beta}_3\end{bmatrix}=\boldsymbol{C}\begin{bmatrix}\boldsymbol{\alpha}_1\\\boldsymbol{\alpha}_2\\\boldsymbol{\alpha}_3\end{bmatrix}.$$

2. 设 $\boldsymbol{\alpha}_1,\boldsymbol{\alpha}_2,\boldsymbol{\alpha}_3$ 为 n 维列向量，$\boldsymbol{\beta}_1=\boldsymbol{\alpha}_1+\boldsymbol{\alpha}_2,\boldsymbol{\beta}_2=\boldsymbol{\alpha}_2+\boldsymbol{\alpha}_3,\boldsymbol{\beta}_3=\boldsymbol{\alpha}_1+\boldsymbol{\alpha}_3$，求一个矩阵 $\boldsymbol{C}$ 使得

$$(\boldsymbol{\beta}_1,\boldsymbol{\beta}_2,\boldsymbol{\beta}_3)=(\boldsymbol{\alpha}_1,\boldsymbol{\alpha}_2,\boldsymbol{\alpha}_3)\boldsymbol{C}.$$

3. 已知向量$\boldsymbol{\gamma}$能由向量组$\boldsymbol{\alpha}_1,\boldsymbol{\alpha}_2,\boldsymbol{\alpha}_3$线性表示,且

$$\boldsymbol{\beta}_1=3\boldsymbol{\alpha}_1+\boldsymbol{\alpha}_2,\quad \boldsymbol{\beta}_2=3\boldsymbol{\alpha}_2+\boldsymbol{\alpha}_3,\quad \boldsymbol{\beta}_3=\boldsymbol{\alpha}_1+3\boldsymbol{\alpha}_3,$$

证明:向量$\boldsymbol{\gamma}$也能由向量组$\boldsymbol{\beta}_1,\boldsymbol{\beta}_2,\boldsymbol{\beta}_3$线性表示.

4. 已知$\boldsymbol{\alpha}_1=\begin{bmatrix}1\\1\\1\end{bmatrix},\boldsymbol{\alpha}_2=\begin{bmatrix}0\\1\\1\end{bmatrix},\boldsymbol{\alpha}_3=\begin{bmatrix}0\\0\\1\end{bmatrix}$能由向量组$\boldsymbol{\beta}_1,\boldsymbol{\beta}_2,\boldsymbol{\beta}_3$线性表示,证明:任意的三维列向量$\boldsymbol{\gamma}$都能由向量组$\boldsymbol{\beta}_1,\boldsymbol{\beta}_2,\boldsymbol{\beta}_3$线性表示.

5. 已知 $\boldsymbol{\alpha}_1=\begin{bmatrix}1\\1\\1\end{bmatrix}$，$\boldsymbol{\alpha}_2=\begin{bmatrix}0\\1\\1\end{bmatrix}$，$\boldsymbol{\alpha}_3=\begin{bmatrix}1\\2\\a\end{bmatrix}$，证明：当且仅当 $a\neq 2$ 时，任意的三维列向量 $\boldsymbol{\gamma}$ 都能由向量组 $\boldsymbol{\alpha}_1,\boldsymbol{\alpha}_2,\boldsymbol{\alpha}_3$ 线性表示.

6. 求向量组 $\begin{bmatrix}1\\-1\\0\\0\end{bmatrix},\begin{bmatrix}-1\\2\\1\\-1\end{bmatrix},\begin{bmatrix}0\\1\\1\\-1\end{bmatrix},\begin{bmatrix}-1\\3\\2\\1\end{bmatrix},\begin{bmatrix}-2\\6\\4\\2\end{bmatrix}$ 的秩.

7. 已知向量组$(3,3,a)$,$(3,a,3)$,$(a,3,3)$的秩为2,求a的值.

8. 已知向量组$\begin{bmatrix}1\\3\\5\end{bmatrix}$,$\begin{bmatrix}-1\\\lambda\\3\end{bmatrix}$,$\begin{bmatrix}1\\-1\\\mu\end{bmatrix}$,$\begin{bmatrix}2\\2\\6\end{bmatrix}$的秩为2,求$\lambda$与$\mu$的值.

9. 已知向量组 $\boldsymbol{\alpha}_1,\boldsymbol{\alpha}_2,\boldsymbol{\alpha}_3$ 的秩为 r,若 $\boldsymbol{\beta}_1=\boldsymbol{\alpha}_1+\boldsymbol{\alpha}_2,\boldsymbol{\beta}_2=\boldsymbol{\alpha}_2+\boldsymbol{\alpha}_3,\boldsymbol{\beta}_3=\boldsymbol{\alpha}_1+\boldsymbol{\alpha}_3$,证明:向量组 $\boldsymbol{\beta}_1,\boldsymbol{\beta}_2,\boldsymbol{\beta}_3$ 的秩也为 r.

10. 判断题.

(1) 若向量组 $\boldsymbol{\alpha}_1,\boldsymbol{\alpha}_2,\boldsymbol{\alpha}_3$ 能由 $\boldsymbol{\beta}_1,\boldsymbol{\beta}_2$ 线性表示,则向量组 $\boldsymbol{\alpha}_1,\boldsymbol{\alpha}_2,\boldsymbol{\alpha}_3,\boldsymbol{\beta}_1,\boldsymbol{\beta}_2$ 与 $\boldsymbol{\beta}_1,\boldsymbol{\beta}_2$ 等价.　(　　)

(2) 若两个向量组的秩相等,则它们一定等价.　(　　)

(3) 若 $\boldsymbol{\alpha}_1,\boldsymbol{\alpha}_2,\boldsymbol{\alpha}_3,\boldsymbol{\beta}_1,\boldsymbol{\beta}_2,\boldsymbol{\beta}_3$ 都是 n 维列向量,而且向量组 $\boldsymbol{\alpha}_1,\boldsymbol{\alpha}_2,\boldsymbol{\alpha}_3$ 的秩与 $\boldsymbol{\beta}_1,\boldsymbol{\beta}_2,\boldsymbol{\beta}_3$ 的秩相等,则向量组 $\boldsymbol{\alpha}_1,\boldsymbol{\alpha}_2,\boldsymbol{\alpha}_3$ 与 $\boldsymbol{\beta}_1,\boldsymbol{\beta}_2,\boldsymbol{\beta}_3$ 一定等价.　(　　)

(4) 若 $\boldsymbol{\alpha}_1,\boldsymbol{\alpha}_2,\boldsymbol{\alpha}_3,\boldsymbol{\beta}_1,\boldsymbol{\beta}_2,\boldsymbol{\beta}_3$ 都是 n 维列向量,而且向量组 $\boldsymbol{\alpha}_1,\boldsymbol{\alpha}_2,\boldsymbol{\alpha}_3$ 的秩小于 $\boldsymbol{\beta}_1,\boldsymbol{\beta}_2,\boldsymbol{\beta}_3$ 的秩,则向量组 $\boldsymbol{\alpha}_1,\boldsymbol{\alpha}_2,\boldsymbol{\alpha}_3$ 一定能由 $\boldsymbol{\beta}_1,\boldsymbol{\beta}_2,\boldsymbol{\beta}_3$ 线性表示.　(　　)

(5) 若两个向量组等价,则它们所含向量的个数一定相等.　(　　)

(6) 设 $\boldsymbol{\alpha}_1,\boldsymbol{\alpha}_2,\cdots,\boldsymbol{\alpha}_s$ 为 n 维列向量，则向量组 $\boldsymbol{\alpha}_1,\boldsymbol{\alpha}_2,\cdots,\boldsymbol{\alpha}_s$ 的秩不超过 $\min\{s,n\}$.（　　）

(7) 设 $\boldsymbol{\alpha}_1,\boldsymbol{\alpha}_2,\boldsymbol{\alpha}_3$ 为 n 维列向量，则向量组 $\boldsymbol{\beta}_1=\boldsymbol{\alpha}_1-\boldsymbol{\alpha}_2,\boldsymbol{\beta}_2=\boldsymbol{\alpha}_2-\boldsymbol{\alpha}_3,\boldsymbol{\beta}_3=\boldsymbol{\alpha}_1-\boldsymbol{\alpha}_3$ 的秩不超过 2.（　　）

(8) 若矩阵 $\boldsymbol{A}=\boldsymbol{BC}$，则 $\boldsymbol{A}$ 的行向量组能由 $\boldsymbol{B}$ 的行向量组线性表示.（　　）

(9) 设 $\boldsymbol{A}$ 与 $\boldsymbol{B}$ 都是 $m\times n$ 矩阵，若 $\boldsymbol{A}$ 的行向量组与 $\boldsymbol{B}$ 的行向量组等价，则 $\boldsymbol{A}$ 的列向量组与 $\boldsymbol{B}$ 的列向量组等价.（　　）

(10) 设矩阵 $\boldsymbol{A}$ 与 $\boldsymbol{B}$ 等价，则 $\boldsymbol{A}$ 的列向量组与 $\boldsymbol{B}$ 的列向量组等价.（　　）

三、思考题

设 $\boldsymbol{A},\boldsymbol{B}$ 为 n 阶方阵.

(1) 证明：$\boldsymbol{A}$ 的列向量组 $\boldsymbol{\alpha}_1,\boldsymbol{\alpha}_2,\cdots,\boldsymbol{\alpha}_s$ 与 $\boldsymbol{B}$ 的列向量组 $\boldsymbol{\beta}_1,\boldsymbol{\beta}_2,\cdots,\boldsymbol{\beta}_s$ 等价当且仅当

$$\mathrm{r}(\boldsymbol{A})=\mathrm{r}(\boldsymbol{A},\boldsymbol{B})=\mathrm{r}(\boldsymbol{B});$$

(2) 问 $\mathrm{r}(\boldsymbol{A}),\mathrm{r}(\boldsymbol{B})$ 满足什么条件时，$\boldsymbol{A}$ 的行向量组与 $\boldsymbol{B}$ 的行向量组等价？

教学周七　n 维向量(2)

一、主要知识点

向量组的线性相关性、向量组的极大无关组.

二、课后练习

1. 已知 $\boldsymbol{\alpha}_1=\begin{bmatrix}1\\1\\1\end{bmatrix},\boldsymbol{\alpha}_2=\begin{bmatrix}0\\1\\1\end{bmatrix},\boldsymbol{\alpha}_3=\begin{bmatrix}1\\2\\a\end{bmatrix}$线性相关,求 a 的值.

2. 设 $\boldsymbol{\alpha}_1,\boldsymbol{\alpha}_2,\boldsymbol{\alpha}_3,\boldsymbol{\alpha}_4$ 均为 n 维列向量,$\boldsymbol{\beta}_1=\boldsymbol{\alpha}_1+\boldsymbol{\alpha}_2,\boldsymbol{\beta}_2=\boldsymbol{\alpha}_2+\boldsymbol{\alpha}_3,\boldsymbol{\beta}_3=\boldsymbol{\alpha}_3+\boldsymbol{\alpha}_4,\boldsymbol{\beta}_4=\boldsymbol{\alpha}_4+\boldsymbol{\alpha}_1$.
证明:向量组 $\boldsymbol{\beta}_1,\boldsymbol{\beta}_2,\boldsymbol{\beta}_3,\boldsymbol{\beta}_4$ 线性相关.

3. 设 $\boldsymbol{\alpha}_1,\boldsymbol{\alpha}_2,\cdots,\boldsymbol{\alpha}_s$ 均为 n 维列向量，$\boldsymbol{\beta}_1=\boldsymbol{\alpha}_1,\boldsymbol{\beta}_2=\boldsymbol{\alpha}_1+\boldsymbol{\alpha}_2,\cdots,\boldsymbol{\beta}_s=\boldsymbol{\alpha}_1+\boldsymbol{\alpha}_2+\cdots+\boldsymbol{\alpha}_s$. 证明：向量组 $\boldsymbol{\alpha}_1,\boldsymbol{\alpha}_2,\cdots,\boldsymbol{\alpha}_s$ 线性无关当且仅当 $\boldsymbol{\beta}_1,\boldsymbol{\beta}_2,\cdots,\boldsymbol{\beta}_s$ 线性无关.

4. 设 $\boldsymbol{\alpha}_1,\boldsymbol{\alpha}_2,\boldsymbol{\alpha}_3$ 线性无关，$\boldsymbol{\beta}_1=\boldsymbol{\alpha}_1+k\boldsymbol{\alpha}_2,\boldsymbol{\beta}_2=\boldsymbol{\alpha}_2+k\boldsymbol{\alpha}_3,\boldsymbol{\beta}_3=\boldsymbol{\alpha}_3+k\boldsymbol{\alpha}_1$，问：当数 k 满足什么条件时，$\boldsymbol{\beta}_1,\boldsymbol{\beta}_2,\boldsymbol{\beta}_3$ 是线性无关的？

5. 设 $\boldsymbol{\alpha}_1,\boldsymbol{\alpha}_2,\cdots,\boldsymbol{\alpha}_n$ 均为 n 维列向量，证明：$\boldsymbol{\alpha}_1,\boldsymbol{\alpha}_2,\cdots,\boldsymbol{\alpha}_n$ 线性无关的充分必要条件是任一 n 维向量均可由 $\boldsymbol{\alpha}_1,\boldsymbol{\alpha}_2,\cdots,\boldsymbol{\alpha}_n$ 线性表示.

6. 设 $\boldsymbol{\alpha}_1=\begin{bmatrix}2\\a\\a\end{bmatrix},\boldsymbol{\alpha}_2=\begin{bmatrix}a\\2\\a\end{bmatrix},\boldsymbol{\alpha}_3=\begin{bmatrix}a\\a\\2\end{bmatrix}$，根据参数 a 的不同取值求向量组 $\boldsymbol{\alpha}_1,\boldsymbol{\alpha}_2,\boldsymbol{\alpha}_3$ 的一个极大无关组.

7. 设向量组 $\boldsymbol{\alpha}_1,\boldsymbol{\alpha}_2,\boldsymbol{\alpha}_3$ 能由 $\boldsymbol{\beta}_1,\boldsymbol{\beta}_2,\boldsymbol{\beta}_3$ 线性表示，证明：$\boldsymbol{\alpha}_1,\boldsymbol{\alpha}_2,\boldsymbol{\alpha}_3$ 与 $\boldsymbol{\beta}_1,\boldsymbol{\beta}_2,\boldsymbol{\beta}_3$ 等价的充分必要条件是 $\boldsymbol{\alpha}_1,\boldsymbol{\alpha}_2,\boldsymbol{\alpha}_3$ 的秩与 $\boldsymbol{\beta}_1,\boldsymbol{\beta}_2,\boldsymbol{\beta}_3$ 的秩相等.

8. 设 n 阶方阵 $\boldsymbol{A}$ 满足

$$\boldsymbol{A}^2=\boldsymbol{A},\quad 0<\mathrm{r}(\boldsymbol{A})=r<n,$$

若 $\boldsymbol{\alpha}_1,\cdots,\boldsymbol{\alpha}_r$ 为 $\boldsymbol{A}$ 的列向量组的一个极大无关组，$\boldsymbol{\beta}_1,\cdots,\boldsymbol{\beta}_s$ 为 $\boldsymbol{E}-\boldsymbol{A}$ 的列向量组的一个极大无关组，$\boldsymbol{P}=(\boldsymbol{\alpha}_1,\cdots,\boldsymbol{\alpha}_r,\boldsymbol{\beta}_1,\cdots,\boldsymbol{\beta}_s)$，证明：

(1) $s=n-r$；

(2) 矩阵 $\boldsymbol{P}$ 可逆；

(3) $\boldsymbol{P}^{-1}\boldsymbol{A}\boldsymbol{P}=\begin{bmatrix}\boldsymbol{E}_r & \boldsymbol{O}\\ \boldsymbol{O} & \boldsymbol{O}\end{bmatrix}$，其中 $\boldsymbol{E}_r$ 表示 r 阶单位矩阵.

9. 判断题.

(1) 任意 4 个三维列向量一定线性相关. (　　)

(2) 设矩阵 $\boldsymbol{B}=\boldsymbol{A}^{\mathrm{T}}\boldsymbol{A}$,其中 $\boldsymbol{A}$ 为 3×4 矩阵,则 $\boldsymbol{B}$ 的列向量组一定线性相关. (　　)

(3) 含有零向量的向量组一定线性相关. (　　)

(4) 若向量组 $\boldsymbol{\alpha}_1,\boldsymbol{\alpha}_2,\boldsymbol{\alpha}_3$ 能由 $\boldsymbol{\beta}_1,\boldsymbol{\beta}_2$ 线性表示,则向量组 $\boldsymbol{\alpha}_1,\boldsymbol{\alpha}_2,\boldsymbol{\alpha}_3$ 线性相关. (　　)

(5) 若两个向量组等价,其中一个线性相关,则另一个也线性相关. (　　)

(6) 设矩阵 $\boldsymbol{A}=\boldsymbol{BC}$,若 $\boldsymbol{A}$ 的列向量组线性无关,则 $\boldsymbol{C}$ 的列向量组一定线性无关. (　　)

(7) 设向量 $\boldsymbol{\beta}=k_1\boldsymbol{\alpha}_1+k_2\boldsymbol{\alpha}_2+\cdots+k_s\boldsymbol{\alpha}_s$,同时 $\boldsymbol{\beta}=l_1\boldsymbol{\alpha}_1+l_2\boldsymbol{\alpha}_2+\cdots+l_s\boldsymbol{\alpha}_s$,其中 $\boldsymbol{\alpha}_1,\boldsymbol{\alpha}_2,\cdots,\boldsymbol{\alpha}_s$ 线性无关,则$(k_1,k_2,\cdots,k_s)=(l_1,l_2,\cdots,l_s)$. (　　)

(8) 若向量组 $\boldsymbol{\alpha}_1,\boldsymbol{\alpha}_2,\cdots,\boldsymbol{\alpha}_s$ 的秩为 $r>0$，则向量组 $\boldsymbol{\alpha}_1,\boldsymbol{\alpha}_2,\cdots,\boldsymbol{\alpha}_s$ 中任意 r 个向量都是 $\boldsymbol{\alpha}_1,\boldsymbol{\alpha}_2,\cdots,\boldsymbol{\alpha}_s$ 的极大无关组. ( )

(9) 若向量组 $\boldsymbol{\alpha}_1,\boldsymbol{\alpha}_2,\cdots,\boldsymbol{\alpha}_s$ 的秩为 $r>0$，则向量组 $\boldsymbol{\alpha}_1,\boldsymbol{\alpha}_2,\cdots,\boldsymbol{\alpha}_s$ 的极大无关组与向量组 $\boldsymbol{\beta}_1,\boldsymbol{\beta}_2,\cdots,\boldsymbol{\beta}_t$ 的极大无关组等价当且仅当 $\boldsymbol{\alpha}_1,\boldsymbol{\alpha}_2,\cdots,\boldsymbol{\alpha}_s$ 与 $\boldsymbol{\beta}_1,\boldsymbol{\beta}_2,\cdots,\boldsymbol{\beta}_t$ 等价. ( )

(10) 若 $\boldsymbol{\alpha}_1,\boldsymbol{\alpha}_2$ 是向量组 $\boldsymbol{\alpha}_1,\boldsymbol{\alpha}_2,\boldsymbol{\alpha}_3$ 的极大无关组，而且 $\boldsymbol{\alpha}_3\neq\mathbf{0}$，则存在 $\boldsymbol{\alpha}\in\{\boldsymbol{\alpha}_1,\boldsymbol{\alpha}_2\}$ 使得 $\boldsymbol{\alpha},\boldsymbol{\alpha}_3$ 也是 $\boldsymbol{\alpha}_1,\boldsymbol{\alpha}_2,\boldsymbol{\alpha}_3$ 的极大无关组. ( )

三、思考题

设向量组 $\boldsymbol{\alpha}_1,\boldsymbol{\alpha}_2,\cdots,\boldsymbol{\alpha}_s$ 的秩为 $r>0$，且

$$m=\min\{i_1+i_2+\cdots+i_r\,|\,\boldsymbol{\alpha}_{i_1},\boldsymbol{\alpha}_{i_2},\cdots,\boldsymbol{\alpha}_{i_r}\text{是}\boldsymbol{\alpha}_1,\boldsymbol{\alpha}_2,\cdots,\boldsymbol{\alpha}_s\text{的极大无关组}\}.$$

证明：若 $\boldsymbol{\alpha}_{j_1},\boldsymbol{\alpha}_{j_2},\cdots,\boldsymbol{\alpha}_{j_r}$ 是 $\boldsymbol{\alpha}_1,\boldsymbol{\alpha}_2,\cdots,\boldsymbol{\alpha}_s$ 的极大无关组，$\boldsymbol{\alpha}_{k_1},\boldsymbol{\alpha}_{k_2},\cdots,\boldsymbol{\alpha}_{k_r}$ 也是 $\boldsymbol{\alpha}_1,\boldsymbol{\alpha}_2,\cdots,\boldsymbol{\alpha}_s$ 的极大无关组，而且 $j_1+j_2+\cdots+j_r=m=k_1+k_2+\cdots+k_r$，则

$$(j_1,j_2,\cdots,j_r)=(k_1,k_2,\cdots,k_r).$$

教学周八　n 维向量(3)

一、主要知识点

向量空间的定义、基、维数、坐标、基变换、过渡矩阵、坐标变换.

二、课后练习

1. 判断 $\mathbf{R}^3$ 的下列子集是否构成 $\mathbf{R}^3$ 的子空间,并说明理由.

(1) $V=\{(x,y,z)^{\mathrm{T}}\mid 2x-y+3z=4\}$;

(2) $V=\{(x,y,z)^{\mathrm{T}}\mid x+3y-5z=0\}$;

(3) $V=\{(x,y,z)^{\mathrm{T}}\mid x^2-2y+z=0\}$.

2. 求下列向量空间的基及维数:

(1) $V=\{(x,y,z)^{\mathrm{T}}\mid 3x=-2y=6z\}$;

(2) $V=\{(x,y,z)^{\mathrm{T}}\mid x+y-3z=0\}$.

3. 设矩阵 $\boldsymbol{A}=\begin{bmatrix}1 & 2 & 1\\ 2 & 7 & -1\\ 1 & 3 & 0\end{bmatrix}$.

(1) 求 $\boldsymbol{A}$ 的列向量组生成的向量空间的基及维数；

(2) 求 $\boldsymbol{A}$ 的行向量组生成的向量空间的基及维数.

4. 设 $\boldsymbol{\alpha}_1=(1,0,2)^{\mathrm{T}},\boldsymbol{\alpha}_2=(0,1,3)^{\mathrm{T}}$ 是向量空间 V 的一组基,求 V 中的向量 $\boldsymbol{\beta}=(1,1,5)^{\mathrm{T}}$ 在基 $\boldsymbol{\alpha}_1,\boldsymbol{\alpha}_2$ 下的坐标.

5. 求 $\mathbf{R}^3$ 的基 $\boldsymbol{e}_1=(1,0,0)^{\mathrm{T}}, \boldsymbol{e}_2=(0,1,0)^{\mathrm{T}}, \boldsymbol{e}_3=(0,0,1)^{\mathrm{T}}$ 到基 $\boldsymbol{\alpha}_1=(1,0,1)^{\mathrm{T}}, \boldsymbol{\alpha}_2=(0,1,1)^{\mathrm{T}}, \boldsymbol{\alpha}_3=(1,1,3)^{\mathrm{T}}$ 的过渡矩阵.

6. 求 $\mathbf{R}^3$ 的基 $\boldsymbol{\alpha}_1=(1,0,1)^{\mathrm{T}}, \boldsymbol{\alpha}_2=(0,1,1)^{\mathrm{T}}, \boldsymbol{\alpha}_3=(1,1,3)^{\mathrm{T}}$ 到基 $\boldsymbol{e}_1=(1,0,0)^{\mathrm{T}}, \boldsymbol{e}_2=(0,1,0)^{\mathrm{T}}, \boldsymbol{e}_3=(0,0,1)^{\mathrm{T}}$ 的过渡矩阵.

7. 求 $\mathbf{R}^3$ 中的向量 $\boldsymbol{\alpha}=(1,2,3)^{\mathrm{T}}$ 在基 $\boldsymbol{e}_1=(1,0,0)^{\mathrm{T}},\boldsymbol{e}_2=(0,1,0)^{\mathrm{T}},\boldsymbol{e}_3=(0,0,1)^{\mathrm{T}}$ 下的坐标以及 $\boldsymbol{\alpha}=(1,2,3)^{\mathrm{T}}$ 在基 $\boldsymbol{\alpha}_1=(1,0,1)^{\mathrm{T}},\boldsymbol{\alpha}_2=(0,1,1)^{\mathrm{T}},\boldsymbol{\alpha}_3=(1,1,3)^{\mathrm{T}}$ 下的坐标.

8. 求 $\mathbf{R}^3$ 的基 $\boldsymbol{\alpha}_1=(1,1,1)^{\mathrm{T}},\boldsymbol{\alpha}_2=(1,2,3)^{\mathrm{T}},\boldsymbol{\alpha}_3=(1,0,1)^{\mathrm{T}}$ 到基 $\boldsymbol{\beta}_1=(2,1,2)^{\mathrm{T}},\boldsymbol{\beta}_2=(1,2,3)^{\mathrm{T}},\boldsymbol{\beta}_3=(1,1,1)^{\mathrm{T}}$ 的过渡矩阵. 又已知 $\mathbf{R}^3$ 中的向量 $\boldsymbol{\alpha}$ 在基 $\boldsymbol{\beta}_1,\boldsymbol{\beta}_2,\boldsymbol{\beta}_3$ 下的坐标为 $(1,-1,2)^{\mathrm{T}}$，求 $\boldsymbol{\alpha}$ 在基 $\boldsymbol{\alpha}_1,\boldsymbol{\alpha}_2,\boldsymbol{\alpha}_3$ 下的坐标.

9. 判断题.

(1) 设 V 是向量组 $\boldsymbol{\alpha}_1,\boldsymbol{\alpha}_2,\cdots,\boldsymbol{\alpha}_s$ 生成的向量空间，$\boldsymbol{\alpha}_1,\boldsymbol{\alpha}_2,\cdots,\boldsymbol{\alpha}_r$ 是 $\boldsymbol{\alpha}_1,\boldsymbol{\alpha}_2,\cdots,\boldsymbol{\alpha}_s$ 的一个极大无关组，则 $\boldsymbol{\alpha}_1,\boldsymbol{\alpha}_2,\cdots,\boldsymbol{\alpha}_r$ 是 V 的一组基.　(　　)

(2) 设 V 是向量组 $\boldsymbol{\alpha}_1,\boldsymbol{\alpha}_2,\cdots,\boldsymbol{\alpha}_s$ 生成的向量空间，则 V 的任何一组基都是 $\boldsymbol{\alpha}_1,\boldsymbol{\alpha}_2,\cdots,\boldsymbol{\alpha}_s$ 的一个极大无关组.　(　　)

(3) 向量组 $\boldsymbol{\alpha}_1,\boldsymbol{\alpha}_2,\cdots,\boldsymbol{\alpha}_s$ 的秩等于 $\boldsymbol{\alpha}_1,\boldsymbol{\alpha}_2,\cdots,\boldsymbol{\alpha}_s$ 生成的向量空间 V 的维数.　(　　)

(4) 若向量空间 V 的维数等于 3，则 V 中任意 3 个线性无关的向量都构成 V 的一组基.　(　　)

(5) 设 $\boldsymbol{\alpha}_1,\boldsymbol{\alpha}_2,\cdots,\boldsymbol{\alpha}_s$ 是向量空间 V 的一组基，则 V 中任何一个与 $\boldsymbol{\alpha}_1,\boldsymbol{\alpha}_2,\cdots,\boldsymbol{\alpha}_s$ 等价的向量组都构成 V 的一组基.　(　　)

(6) 若向量空间 V 的维数等于 3，$\boldsymbol{\alpha}_1,\boldsymbol{\alpha}_2$ 是 V 中线性无关的向量，则存在 $\boldsymbol{\beta}\in V$ 使得 $\boldsymbol{\alpha}_1,\boldsymbol{\alpha}_2,\boldsymbol{\beta}$ 构成 V 的一组基.　(　　)

(7) 若 $\boldsymbol{\alpha}_1,\boldsymbol{\alpha}_2,\boldsymbol{\alpha}_3$ 是向量空间 V 的一组基，$\boldsymbol{\beta}_1,\boldsymbol{\beta}_2$ 是 V 中线性无关的向量，则存在 $\boldsymbol{\alpha}\in\{\boldsymbol{\alpha}_1,\boldsymbol{\alpha}_2,\boldsymbol{\alpha}_3\}$ 使得 $\boldsymbol{\beta}_1,\boldsymbol{\beta}_2,\boldsymbol{\alpha}$ 构成 V 的一组基. (　　)

(8) 设 $\boldsymbol{\alpha}_1,\boldsymbol{\alpha}_2,\boldsymbol{\alpha}_3$ 是向量空间 V 的一组基，从 $\boldsymbol{\alpha}_1,\boldsymbol{\alpha}_2,\boldsymbol{\alpha}_3$ 到 V 的基 $\boldsymbol{\beta}_1,\boldsymbol{\beta}_2,\boldsymbol{\beta}_3$ 的过渡矩阵为 $\boldsymbol{P}$，从 $\boldsymbol{\beta}_1,\boldsymbol{\beta}_2,\boldsymbol{\beta}_3$ 到 V 的基 $\boldsymbol{\gamma}_1,\boldsymbol{\gamma}_2,\boldsymbol{\gamma}_3$ 的过渡矩阵为 $\boldsymbol{Q}$，则从 $\boldsymbol{\alpha}_1,\boldsymbol{\alpha}_2,\boldsymbol{\alpha}_3$ 到 $\boldsymbol{\gamma}_1,\boldsymbol{\gamma}_2,\boldsymbol{\gamma}_3$ 的过渡矩阵为 $\boldsymbol{PQ}$. (　　)

(9) 设 $\boldsymbol{\alpha}_1,\boldsymbol{\alpha}_2,\boldsymbol{\alpha}_3$ 是向量空间 V 的一组基，V 中的向量 $\boldsymbol{\beta}_1,\boldsymbol{\beta}_2$ 在基 $\boldsymbol{\alpha}_1,\boldsymbol{\alpha}_2,\boldsymbol{\alpha}_3$ 下的坐标分别为 $\boldsymbol{\xi}_1,\boldsymbol{\xi}_2$，则 $\boldsymbol{\beta}_1,\boldsymbol{\beta}_2$ 线性无关当且仅当 $\boldsymbol{\xi}_1,\boldsymbol{\xi}_2$ 线性无关. (　　)

(10) 设 $\boldsymbol{\alpha}_1,\boldsymbol{\alpha}_2,\boldsymbol{\alpha}_3$ 是向量空间 V 的一组基，$(\boldsymbol{\beta}_1,\boldsymbol{\beta}_2,\boldsymbol{\beta}_3)=(\boldsymbol{\alpha}_1,\boldsymbol{\alpha}_2,\boldsymbol{\alpha}_3)\boldsymbol{P}$，其中 $\boldsymbol{P}$ 为三阶方阵，则 $\boldsymbol{\beta}_1,\boldsymbol{\beta}_2,\boldsymbol{\beta}_3$ 是 V 的一组基当且仅当 $|\boldsymbol{P}|\neq 0$. (　　)

三、思考题

设 $\boldsymbol{\varepsilon}_1,\boldsymbol{\varepsilon}_2,\boldsymbol{\varepsilon}_3$ 是向量空间 V 的一组基，映射 $f:V\to V$ 满足

$$f(k\boldsymbol{\alpha}+\boldsymbol{\beta})=kf(\boldsymbol{\alpha})+f(\boldsymbol{\beta}),\quad \forall k\in\mathbf{R},\boldsymbol{\alpha},\boldsymbol{\beta}\in V.$$

证明：存在唯一的三阶方阵 $\mathbf{A}$ 使得对于任意的 $\boldsymbol{\eta}\in V$，$f(\boldsymbol{\eta})$ 在基 $\boldsymbol{\varepsilon}_1,\boldsymbol{\varepsilon}_2,\boldsymbol{\varepsilon}_3$ 下的坐标为 $\mathbf{A}\boldsymbol{\xi}$，这里 $\boldsymbol{\xi}$ 为 $\boldsymbol{\eta}$ 在基 $\boldsymbol{\varepsilon}_1,\boldsymbol{\varepsilon}_2,\boldsymbol{\varepsilon}_3$ 下的坐标.

期中试题一

一、填空题(本大题共 9 小题,每空 3 分,共计 45 分)

1. 设 $\boldsymbol{\alpha}=(1,0,-1)^{\mathrm{T}}$,$\boldsymbol{\beta}=(2,3,1)^{\mathrm{T}}$,则 $\boldsymbol{\alpha\beta}^{\mathrm{T}}=$________,$\boldsymbol{\beta}^{\mathrm{T}}\boldsymbol{\alpha}=$________,$(\boldsymbol{\alpha\beta}^{\mathrm{T}})^{10}=$________.

2. 行列式 $\begin{vmatrix} 1 & 2 & 3 & 4 \\ 2 & 4 & 6 & 8 \\ 19 & 75 & -34 & 107 \\ 334 & -83 & -225 & 543 \end{vmatrix}$ 的值为________.

3. 设 $\boldsymbol{A}=\begin{bmatrix} 2 & 3 \\ 4 & 5 \end{bmatrix}$,则 $\boldsymbol{A}^*=$________,$|\boldsymbol{A}|=$________,$\boldsymbol{A}^{-1}=$________.

4. 设 $\boldsymbol{A}$ 为六阶方阵,$\mathrm{r}(\boldsymbol{A})=4$,则 $\boldsymbol{A}^*=$________.

5. $(x_1,x_2)\begin{bmatrix} 1 & 1 \\ 1 & 3 \end{bmatrix}\begin{bmatrix} x_1 \\ x_2 \end{bmatrix}=$________.

6. 向量组 $\boldsymbol{\alpha}_1=(1,1,1)^{\mathrm{T}}$,$\boldsymbol{\alpha}_2=(1,2,3)^{\mathrm{T}}$,$\boldsymbol{\alpha}_3=(0,0,0)^{\mathrm{T}}$ 的秩等于________.

7. 设 $\boldsymbol{\alpha}=(1,1,2)^{\mathrm{T}}$,$\boldsymbol{\beta}=(1,1,-1)^{\mathrm{T}}$,$\boldsymbol{\gamma}=(k,2,1)^{\mathrm{T}}$ 线性相关,则数 $k=$________.

8. 向量空间 $V=\{(x,y,z)^{\mathrm{T}}|2x+5y-10z=0\}$的一组基为________,$V$ 的维数 $\dim V=$________.

9. 设 $\boldsymbol{\alpha}_1,\boldsymbol{\alpha}_2$ 为向量空间 V 的一组基,$\boldsymbol{\beta}_1=2\boldsymbol{\alpha}_1+3\boldsymbol{\alpha}_2$,$\boldsymbol{\beta}_2=5\boldsymbol{\alpha}_1-7\boldsymbol{\alpha}_2$,$\boldsymbol{\gamma}=\boldsymbol{\alpha}_1+\boldsymbol{\alpha}_2$,则从 $\boldsymbol{\beta}_1$,$\boldsymbol{\beta}_2$ 到 $\boldsymbol{\alpha}_1,\boldsymbol{\alpha}_2$ 的过渡矩阵为________,$\boldsymbol{\gamma}$ 在基 $\boldsymbol{\beta}_1,\boldsymbol{\beta}_2$ 下的坐标为________.

二、选择题(本大题共 5 小题,每小题 3 分,共计 15 分)

1. 设 $\boldsymbol{A},\boldsymbol{B}$ 为 n 阶方阵,则下列结论一定正确的是 ( )

① $\boldsymbol{A}+\boldsymbol{B}=\boldsymbol{B}+\boldsymbol{A}$. ② $\boldsymbol{AB}=\boldsymbol{BA}$.

③ $|\boldsymbol{A}+\boldsymbol{B}|=|\boldsymbol{A}|+|\boldsymbol{B}|$. ④ $|3\boldsymbol{A}|=3|\boldsymbol{A}|$.

2. 设 $\boldsymbol{A},\boldsymbol{B}$ 为 n 阶方阵,$\boldsymbol{O}$ 为 n 阶零矩阵,$\boldsymbol{E}$ 为 n 阶单位矩阵,则下列结论正确的是 ( )

① 若 $\boldsymbol{AB}=\boldsymbol{O}$,则 $\boldsymbol{A}=\boldsymbol{O}$ 或 $\boldsymbol{B}=\boldsymbol{O}$. ② 若 $|\boldsymbol{AB}|=0$,则 $|\boldsymbol{A}|=0$ 或 $|\boldsymbol{B}|=0$.

③ 若 $\boldsymbol{A}^2=\boldsymbol{E}$,则 $\boldsymbol{A}=\boldsymbol{E}$ 或 $-\boldsymbol{E}$. ④ $(\boldsymbol{A}+\boldsymbol{B})(\boldsymbol{A}-\boldsymbol{B})=\boldsymbol{A}^2-\boldsymbol{B}^2$.

3. 设向量组 $\boldsymbol{\alpha}_1,\boldsymbol{\alpha}_2,\boldsymbol{\alpha}_3$ 线性无关,则下列向量组线性无关的是 ( )

① $\boldsymbol{\alpha}_1+\boldsymbol{\alpha}_2,\boldsymbol{\alpha}_2+\boldsymbol{\alpha}_3,\boldsymbol{\alpha}_1+\boldsymbol{\alpha}_3$. ② $\boldsymbol{\alpha}_1,\boldsymbol{\alpha}_2,\boldsymbol{\alpha}_3,\boldsymbol{\alpha}_1+\boldsymbol{\alpha}_3$.

③ $\boldsymbol{\alpha}_1,\boldsymbol{\alpha}_2,\boldsymbol{\alpha}_1+\boldsymbol{\alpha}_2$. ④ $\boldsymbol{\alpha}_1,\boldsymbol{\alpha}_3,\boldsymbol{\alpha}_1-2\boldsymbol{\alpha}_3$.

4. 向量组 $\boldsymbol{\alpha}_1=(1,1)^{\mathrm{T}}$,$\boldsymbol{\alpha}_2=(2,2)^{\mathrm{T}}$,$\boldsymbol{\alpha}_3=(1,2)^{\mathrm{T}}$,$\boldsymbol{\alpha}_4=(3,4)^{\mathrm{T}}$ 的一个极大线性无关组是 ( )

① $\boldsymbol{\alpha}_1,\boldsymbol{\alpha}_2$. ② $\boldsymbol{\alpha}_2,\boldsymbol{\alpha}_3,\boldsymbol{\alpha}_4$. ③ $\boldsymbol{\alpha}_1,\boldsymbol{\alpha}_2,\boldsymbol{\alpha}_3$. ④ $\boldsymbol{\alpha}_1,\boldsymbol{\alpha}_3$.

5. 设 $\boldsymbol{\alpha}_1,\boldsymbol{\alpha}_2,\boldsymbol{\alpha}_3$ 为三维列向量，$\boldsymbol{A}=(\boldsymbol{\alpha}_1,\boldsymbol{\alpha}_2,\boldsymbol{\alpha}_3)$，则下列条件中除了(　　)以外，其它三个条件相互等价.

① $r(\boldsymbol{\alpha}_1,\boldsymbol{\alpha}_2,\boldsymbol{\alpha}_3)=3$.　　② 矩阵 $\boldsymbol{A}$ 可逆.

③ 向量组 $\boldsymbol{\alpha}_1,\boldsymbol{\alpha}_2,\boldsymbol{\alpha}_3$ 线性相关.　　④ 行列式 $|\boldsymbol{A}|\neq 0$.

三、计算题(本大题共 3 小题，共计 40 分)

1. (20 分)设 $\boldsymbol{A}=\begin{bmatrix}1&1&1\\2&2&2\\3&3&3\end{bmatrix}$，$\boldsymbol{E}$ 为三阶单位矩阵，λ 为数.

(1) 计算行列式 $|\lambda\boldsymbol{E}-\boldsymbol{A}|$ 的值；

(2) 针对 λ 的不同取值，讨论矩阵 $\lambda\boldsymbol{E}-\boldsymbol{A}$ 的秩.

2. (10 分)设 $\boldsymbol{A}=\begin{bmatrix}1&0&2\\0&0&1\\0&1&0\end{bmatrix}$，$\boldsymbol{B}=\begin{bmatrix}-3&2\\1&-2\\2&-1\end{bmatrix}$，且 $\boldsymbol{A}^*\boldsymbol{X}=2\boldsymbol{X}+\boldsymbol{B}$，求 $\boldsymbol{X}$.

3. (10 分)设 $\boldsymbol{\alpha}_1,\boldsymbol{\alpha}_2,\boldsymbol{\alpha}_3$ 为向量空间 V 的一组基，V 中的向量 $\boldsymbol{\beta}_1,\boldsymbol{\beta}_2,\boldsymbol{\beta}_3,\boldsymbol{\beta}_4$ 在这组基下的坐标依次为 $\begin{bmatrix}1\\1\\1\end{bmatrix},\begin{bmatrix}2\\2\\2\end{bmatrix},\begin{bmatrix}1\\2\\3\end{bmatrix},\begin{bmatrix}0\\1\\2\end{bmatrix}$，求 $\boldsymbol{\beta}_1,\boldsymbol{\beta}_2,\boldsymbol{\beta}_3,\boldsymbol{\beta}_4$ 的一个极大无关组，并把 $\boldsymbol{\beta}_1,\boldsymbol{\beta}_2,\boldsymbol{\beta}_3,\boldsymbol{\beta}_4$ 中其余向量表示成这个极大无关组的线性组合.

期中试题二

一、填空题(本大题共 10 小题,每空 3 分,共计 30 分)

1. 若矩阵 $\boldsymbol{A}=\boldsymbol{\alpha}\boldsymbol{\beta}^{\mathrm{T}}$,其中 $\boldsymbol{\alpha}=\begin{bmatrix}1\\0\\1\end{bmatrix}$,$\boldsymbol{\beta}=\begin{bmatrix}2\\-1\\-3\end{bmatrix}$,则 $\boldsymbol{A}^{100}=$________________.

2. 若矩阵

$$\boldsymbol{A}=\begin{bmatrix}1&0&1\\0&1&0\\1&1&1\end{bmatrix},\quad \boldsymbol{P}=\begin{bmatrix}1&0&0\\0&1&0\\0&-1&1\end{bmatrix},\quad \boldsymbol{Q}=\begin{bmatrix}0&1&0\\1&0&0\\0&0&1\end{bmatrix},$$

则 $\boldsymbol{P}^2\boldsymbol{A}\boldsymbol{Q}^5=$________________.

3. 若矩阵 $\boldsymbol{A}=\begin{bmatrix}1&1\\1&1\end{bmatrix}$,多项式 $f(x)=x^2-2x+3$,则 $f(\boldsymbol{A})=$________________.

4. 若矩阵 $\boldsymbol{A}=\begin{bmatrix}1&0&1\\0&2&-1\\1&-1&0\end{bmatrix}$,$\boldsymbol{x}=\begin{bmatrix}x_1\\x_2\\x_3\end{bmatrix}$,则 $\boldsymbol{x}^{\mathrm{T}}\boldsymbol{A}\boldsymbol{x}=$________________.

5. 若方阵 $\boldsymbol{A},\boldsymbol{P}$ 满足 $\boldsymbol{AP}=\boldsymbol{P}\begin{bmatrix}-1&0\\0&1\end{bmatrix}$,其中 $|\boldsymbol{P}|\neq 0$,矩阵 $\boldsymbol{B}=\boldsymbol{A}^{100}$,则 $\boldsymbol{P}^{-1}\boldsymbol{BP}=$_______.

6. 若行列式 $\begin{vmatrix}\lambda-1&-1&-1\\-1&\lambda-1&-1\\2&2&\lambda+2\end{vmatrix}=0$,则 $\lambda=$________________.

7. 若矩阵 $\begin{bmatrix}1&0&-2&0\\2&-1&0&2\\4&-1&-4&a\end{bmatrix}$ 的秩为 2,则 $a=$________________.

8. 设三阶方阵 $\boldsymbol{A}$ 的伴随矩阵为 $\boldsymbol{A}^*$,$|\boldsymbol{A}|=5$,则 $|\boldsymbol{A}^*+2\boldsymbol{A}^{-1}|=$________________.

9. 设 n 阶方阵 $\boldsymbol{A}$ 的行列式 $|\boldsymbol{A}|=-2$,若 $\boldsymbol{A}$ 经过倍加变换 c_3+2c_1 得到矩阵 $\boldsymbol{B}$,则 $\boldsymbol{A}+\boldsymbol{B}$ 的行列式 $|\boldsymbol{A}+\boldsymbol{B}|=$________________.

10. 设 $\boldsymbol{A}$ 为二阶方阵,$\boldsymbol{\alpha}$ 为 2×1 矩阵,$\boldsymbol{B}=(\boldsymbol{\alpha},\boldsymbol{A\alpha})$ 为可逆矩阵,且 $\boldsymbol{A}^2\boldsymbol{\alpha}+\boldsymbol{A\alpha}-6\boldsymbol{\alpha}=\begin{bmatrix}0\\0\end{bmatrix}$.

    若矩阵 $\boldsymbol{C}$ 满足 $\boldsymbol{AB}=\boldsymbol{BC}$,则 $\boldsymbol{C}=$________________.

二、计算题(本大题共 6 小题,共计 70 分)

1. (10 分)计算行列式 $D=\begin{vmatrix} 0 & 0 & 1 & 2 \\ 0 & 0 & 3 & 4 \\ 5 & 5 & 5 & 5 \\ 1 & 2 & 3 & 4 \end{vmatrix}$ 的值.

2. (10 分)设矩阵 $\boldsymbol{A}=\begin{bmatrix} 2 & 3 & -1 \\ -7 & -7 & 0 \\ 3 & 4 & p \end{bmatrix}$, $\boldsymbol{b}=\begin{bmatrix} q \\ 7 \\ 1 \end{bmatrix}$,问:

(1) 当 p,q 取何值时,$\mathrm{r}(\boldsymbol{A},\boldsymbol{b})<3$?

(2) 当 p,q 取何值时,$\mathrm{r}(\boldsymbol{A})<\mathrm{r}(\boldsymbol{A},\boldsymbol{b})$?

3. (10 分)求 $\boldsymbol{A}=\begin{bmatrix}1 & 6 & 0 & 1\\0 & -1 & 4 & 0\\0 & 0 & 1 & 0\\0 & 0 & 0 & -1\end{bmatrix}$ 的伴随矩阵 $\boldsymbol{A}^*$.

4. (10 分)已知矩阵 $\boldsymbol{A}=\begin{bmatrix}1 & 1 & 0\\0 & 0 & 1\\0 & 1 & -1\end{bmatrix}$,$\boldsymbol{B}=\begin{bmatrix}2 & 1\\1 & 2\\0 & 1\end{bmatrix}$,求满足 $\boldsymbol{AX}=\boldsymbol{B}-\boldsymbol{X}$ 的矩阵 $\boldsymbol{X}$.

5. (15 分)已知 $\boldsymbol{\alpha}_1=\begin{bmatrix}2\\3\\4\end{bmatrix},\boldsymbol{\alpha}_2=\begin{bmatrix}1\\0\\1\end{bmatrix},\boldsymbol{\alpha}_3=\begin{bmatrix}1\\0\\-1\end{bmatrix}$.

(1) 设 $\boldsymbol{\beta}=k\boldsymbol{\alpha}_1+\boldsymbol{\alpha}_2$ 满足 $\boldsymbol{\alpha}_1^{\mathrm{T}}\boldsymbol{\beta}=0$,求参数 k 的值;

(2) 设 $\boldsymbol{\gamma}=k_1\boldsymbol{\alpha}_1+k_2\boldsymbol{\alpha}_2+\boldsymbol{\alpha}_3$ 满足 $\boldsymbol{\alpha}_1^{\mathrm{T}}\boldsymbol{\gamma}=\boldsymbol{\alpha}_2^{\mathrm{T}}\boldsymbol{\gamma}=0$,求参数 k_1,k_2 的值.

6. (15 分)已知矩阵 $\boldsymbol{A}=\begin{bmatrix}3&0&-6\\1&1&1\\2&-1&-7\end{bmatrix}$.

(1) 用初等变换把矩阵 $\boldsymbol{A}$ 化为等价标准形 $\boldsymbol{E}_{3\times3}^{(r)}$;

(2) 求可逆矩阵 $\boldsymbol{P},\boldsymbol{Q}$ 使得 $\boldsymbol{A}=\boldsymbol{P}\boldsymbol{E}_{3\times3}^{(r)}\boldsymbol{Q}$;

(3) 求一个 3×2 矩阵 $\boldsymbol{B}$ 和一个 2×3 矩阵 $\boldsymbol{C}$ 使得 $\boldsymbol{A}=\boldsymbol{BC}$.

期中试题三

一、填空题(本大题共 10 小题,每空 3 分,共计 30 分)

1. 设 $\boldsymbol{A}+\boldsymbol{B}=\begin{bmatrix}1&3&5\\1&0&2\\-1&4&-2\end{bmatrix}$,其中 $\boldsymbol{A}$ 为对称矩阵,$\boldsymbol{B}$ 为反对称矩阵,则 $\boldsymbol{A}=$________.

2. 若 $\boldsymbol{A}=\begin{bmatrix}1&a\\0&2\end{bmatrix}$,$\boldsymbol{B}=\begin{bmatrix}3&0\\0&b\end{bmatrix}$满足 $\boldsymbol{AB}=\boldsymbol{BA}$,则 a,b 满足的条件为________.

3. 若矩阵 $\boldsymbol{A},\boldsymbol{B}$ 均可逆,则分块矩阵$\begin{bmatrix}\boldsymbol{A}&\boldsymbol{O}\\2\boldsymbol{E}&\boldsymbol{B}\end{bmatrix}$的逆矩阵是________.

4. 若 $\boldsymbol{A}=\begin{bmatrix}a&c\\b&d\end{bmatrix}$,$\boldsymbol{B}=\begin{bmatrix}a-2c&c\\b-2d&d\end{bmatrix}$,则满足 $\boldsymbol{A}=\boldsymbol{BP}$ 的二阶矩阵 $\boldsymbol{P}=$________.

5. 若矩阵 $\boldsymbol{A}=\begin{bmatrix}1&1\\2&a\end{bmatrix}$和向量 $\boldsymbol{\alpha}=\begin{bmatrix}b\\1\end{bmatrix}$满足 $\boldsymbol{A\alpha}=2\boldsymbol{\alpha}$,则$(a,b)=$________.

6. 若矩阵 $\boldsymbol{A}=\begin{bmatrix}a&b\\\frac{1}{2}&c\end{bmatrix}$满足 $\boldsymbol{AA}^{\mathrm{T}}=\boldsymbol{E}$,且 $a,b>0$,则 $\boldsymbol{A}=$________.

7. 若 $\boldsymbol{A},\boldsymbol{B}$ 都是 3×4 矩阵,则矩阵 $\boldsymbol{A}^{\mathrm{T}}\boldsymbol{B}$ 的行列式 $|\boldsymbol{A}^{\mathrm{T}}\boldsymbol{B}|=$________.

8. 若3×3 矩阵 $\boldsymbol{A}=(\boldsymbol{\alpha},\boldsymbol{\beta},\boldsymbol{\gamma})$的行列式等于 2,矩阵 $\boldsymbol{B}=(\boldsymbol{\beta},\boldsymbol{\gamma},\boldsymbol{\alpha})$,则行列式 $|\boldsymbol{A}+\boldsymbol{B}|$ 的值为________.

9. 如果向量组$(a,1,1)$,$(1,a,1)$,$(1,1,a)$的秩为 2,则参数 $a=$________.

10. 向量组 $\boldsymbol{\alpha}_1=(1,2,3,4)^{\mathrm{T}}$,$\boldsymbol{\alpha}_2=(2,-1,1,0)^{\mathrm{T}}$,$\boldsymbol{\alpha}_3=(1,-3,-2,-4)^{\mathrm{T}}$,$\boldsymbol{\alpha}_4=(3,1,4,1)^{\mathrm{T}}$ 的一个极大线性无关组是________.

二、计算题(本大题共 4 小题,共计 55 分)

1. (10 分)计算行列式 $D=\begin{vmatrix}2&3&0&1\\3&1&2&0\\5&3&4&2\\1&5&3&1\end{vmatrix}$的值.

2. (20 分)已知向量组 $\boldsymbol{\alpha}_1=\begin{bmatrix}-1\\1\\1\end{bmatrix}$, $\boldsymbol{\alpha}_2=\begin{bmatrix}1\\m\\3\end{bmatrix}$ 与 $\boldsymbol{\beta}_1=\begin{bmatrix}0\\3\\4\end{bmatrix}$, $\boldsymbol{\beta}_2=\begin{bmatrix}1\\-4\\-5\end{bmatrix}$, $\boldsymbol{\beta}_3=\begin{bmatrix}1\\5\\n\end{bmatrix}$ 等价，求参数 m,n 的值，并将 $\boldsymbol{\alpha}_2$ 表示成 $\boldsymbol{\beta}_1,\boldsymbol{\beta}_2,\boldsymbol{\beta}_3$ 的线性组合.

3. (10 分)设矩阵 $\boldsymbol{A}=\begin{bmatrix}1&0&3\\0&2&2\\0&1&1\end{bmatrix}$, $\boldsymbol{B}=\begin{bmatrix}1&1&0\\0&0&0\\0&2&1\end{bmatrix}$，求矩阵方程 $\boldsymbol{XA}=2\boldsymbol{X}+\boldsymbol{B}$ 的解.

4. (15 分)设 $\boldsymbol{P}=\begin{bmatrix}1&0&0\\0&1&0\\2&1&2\end{bmatrix}$，$\boldsymbol{\Lambda}=\begin{bmatrix}1&0&0\\0&1&0\\0&0&-1\end{bmatrix}$，并且 $\boldsymbol{AP}=\boldsymbol{P\Lambda}$，求 $\boldsymbol{A}$ 及 $\boldsymbol{A}^{100}$.

三、证明题(本大题共 3 小题，每小题 5 分，共计 15 分)

1. 设 $n\times n$ 矩阵 $\boldsymbol{A}$ 的秩为 r. 证明：存在秩为 $n-r$ 的 $n\times n$ 矩阵 $\boldsymbol{B}$，使得 $\boldsymbol{AB}=\boldsymbol{O}$.

2. 设 n 维实行向量 $\boldsymbol{\alpha}=(a_1,a_2,\cdots,a_n)$，$\boldsymbol{\beta}=(b_1,b_2,\cdots,b_n)$，矩阵 $\boldsymbol{A}=\boldsymbol{\alpha}^{\mathrm{T}}\boldsymbol{\beta}$，证明：$\boldsymbol{A}$ 是对称矩阵当且仅当 $\boldsymbol{\alpha},\boldsymbol{\beta}$ 线性相关.

3. 设 n 阶矩阵 $\boldsymbol{A}$ 满足 $\boldsymbol{A}^2+2\boldsymbol{A}-3\boldsymbol{E}=\boldsymbol{O}$，证明：$\boldsymbol{A}+\boldsymbol{E}$ 可逆.

期中试题四

一、填空题(本大题共 8 小题,每空 3 分,共计 30 分)

1. 已知矩阵 $\boldsymbol{A}=\begin{bmatrix} a & 0 \\ 3 & b \end{bmatrix}$,若 $\boldsymbol{A}^{10}=\boldsymbol{O}$,则参数 a,b 满足条件______________.

2. 设 $k>0$,$\boldsymbol{\alpha}=(k,0,k)^{\mathrm{T}}$,若矩阵 $\boldsymbol{A}=\boldsymbol{E}-\boldsymbol{\alpha}\boldsymbol{\alpha}^{\mathrm{T}}$ 是 $\boldsymbol{B}=\boldsymbol{E}+\frac{1}{k}\boldsymbol{\alpha}\boldsymbol{\alpha}^{\mathrm{T}}$ 的逆矩阵,则 $k=$________.

3. 若 $\boldsymbol{A},\boldsymbol{B}$ 都是 n 阶可逆矩阵,则分块矩阵 $\begin{bmatrix} \boldsymbol{O} & \boldsymbol{A} \\ \boldsymbol{B} & \boldsymbol{E} \end{bmatrix}$ 的逆矩阵为______________.

4. 若四阶方阵 $\boldsymbol{A},\boldsymbol{B}$ 的秩都等于 1,则矩阵 $\boldsymbol{A}+\boldsymbol{B}$ 的行列式 $|\boldsymbol{A}+\boldsymbol{B}|=$______________.

5. 设矩阵 $\boldsymbol{A}=\begin{bmatrix} 1 & 2 & 0 \\ 0 & 3 & 1 \\ 1 & 3 & 0 \end{bmatrix}$,$\boldsymbol{B}=\begin{bmatrix} 2 & 3 & 4 \\ 0 & 5 & 6 \\ 0 & 0 & 7 \end{bmatrix}$,则行列式 $|\boldsymbol{A}\boldsymbol{B}^{-1}|=$______________.

6. 对于向量组 $\boldsymbol{\alpha}=\begin{bmatrix} -1 \\ 1 \\ t \end{bmatrix}$,$\boldsymbol{\beta}=\begin{bmatrix} 1 \\ t \\ 1 \end{bmatrix}$,$\boldsymbol{\gamma}=\begin{bmatrix} t \\ 1 \\ -1 \end{bmatrix}$,当参数 t 满足条件______________时,$\mathrm{r}\{\boldsymbol{\alpha},\boldsymbol{\beta},\boldsymbol{\gamma}\}=1$;____________时,$\mathrm{r}\{\boldsymbol{\alpha},\boldsymbol{\beta},\boldsymbol{\gamma}\}=2$;____________时,$\mathrm{r}\{\boldsymbol{\alpha},\boldsymbol{\beta},\boldsymbol{\gamma}\}=3$.

7. 若向量组 $(1,2,3)^{\mathrm{T}},(1,x,3)^{\mathrm{T}},(1,2,y)^{\mathrm{T}}$ 线性相关,则参数 x,y 满足条件____________.

8. $\mathbf{R}^3$ 的子空间 $V=\{(x,y,z)^{\mathrm{T}}\mid x-y-z=0\}$ 的维数是______________.

二、计算题(本大题共 5 小题,共计 55 分)

1. (10 分)计算行列式 $D=\begin{vmatrix} 1 & 1 & 1+x & 1 \\ 1 & 1 & 1 & 1+x \\ 1-x & 1 & 1 & 1 \\ 1 & 1-x & 1 & 1 \end{vmatrix}$ 的值.

2. (15 分)若平面直角坐标系中的抛物线 $y=a+bx+cx^2$ 经过点 $P_1(-1,4)$, $P_2(1,0)$, $P_3(2,-5)$, 求 a,b,c 的值.

3. (10 分)已知 $\boldsymbol{A}=\begin{bmatrix}1 & 0 & 0\\ 0 & 1 & -1\\ 2 & 0 & 0\end{bmatrix}$, 求一个可逆矩阵 $\boldsymbol{P}$ 使得 $(\boldsymbol{PA})^2=\boldsymbol{PA}$.

4. (10 分)设 $\boldsymbol{A}=\begin{bmatrix}1 & 1 & 2\\ 0 & 1 & 0\\ 0 & 0 & 2\end{bmatrix}$, $\boldsymbol{B}=\begin{bmatrix}1 & 0 & 0\\ 0 & 2 & 0\\ 2 & 0 & -1\end{bmatrix}$, 求矩阵方程 $(\boldsymbol{AB}+\boldsymbol{B}^2)\boldsymbol{X}=\boldsymbol{B}$ 的解.

5. (10 分)若向量组 $\boldsymbol{\eta}_1,\boldsymbol{\eta}_2,\boldsymbol{\eta}_3$ 线性无关,问:参数 a,b,c 满足什么条件时,向量组 $a\boldsymbol{\eta}_1+\boldsymbol{\eta}_2$, $b\boldsymbol{\eta}_2+\boldsymbol{\eta}_3$, $c\boldsymbol{\eta}_3+\boldsymbol{\eta}_1$ 线性相关?

三、证明题(本大题共 3 小题,每小题 5 分,共计 15 分)

1. 设向量组 $\boldsymbol{\alpha}_1,\boldsymbol{\alpha}_2,\boldsymbol{\alpha}_3,\boldsymbol{\alpha}_4$ 中,$\boldsymbol{\alpha}_1,\boldsymbol{\alpha}_2,\boldsymbol{\alpha}_3$ 线性相关,$\boldsymbol{\alpha}_2,\boldsymbol{\alpha}_3,\boldsymbol{\alpha}_4$ 线性无关,证明:$\boldsymbol{\alpha}_1$ 能由 $\boldsymbol{\alpha}_2,\boldsymbol{\alpha}_3,\boldsymbol{\alpha}_4$ 线性表示.

2. 设 n 阶矩阵 $\boldsymbol{A}$ 满足 $\boldsymbol{A}^2=2\boldsymbol{A}$，证明：$\mathrm{r}(2\boldsymbol{E}-\boldsymbol{A})+\mathrm{r}(\boldsymbol{A})=n$.

3. 设 n 阶矩阵 $\boldsymbol{A}$ 满足 $\boldsymbol{A}^2+2\boldsymbol{A}-3\boldsymbol{E}=\boldsymbol{O}$，证明：若 $\boldsymbol{A}\neq\boldsymbol{E}$，则矩阵 $\boldsymbol{A}+3\boldsymbol{E}$ 肯定不可逆.

教学周九　n 维向量(4)

一、主要知识点

n 维向量的内积、向量的长度、向量的夹角、向量的正交性、标准正交基、正交矩阵、Schmidt 正交化方法.

二、课后练习

1. 已知向量 $\boldsymbol{\alpha}=(1,0,2)^{\mathrm{T}}$ 与 $\boldsymbol{\beta}=(3,4,k)^{\mathrm{T}}$ 的内积 $\langle\boldsymbol{\alpha},\boldsymbol{\beta}\rangle=1$，$\boldsymbol{\alpha}$ 与 $\boldsymbol{\beta}$ 的夹角为 φ，求数 k 的值以及 $\cos\varphi$.

2. 求一个既与 $\boldsymbol{\alpha}=(-1,1,0)^{\mathrm{T}}$ 正交，又与 $\boldsymbol{\beta}=(0,2,1)^{\mathrm{T}}$ 正交的单位向量.

3. 已知向量 $\boldsymbol{\alpha}_1=(1,1,1)^{\mathrm{T}}$，$\boldsymbol{\alpha}_2=(0,1,-1)^{\mathrm{T}}$，$\boldsymbol{\alpha}_3=(1,2,1)^{\mathrm{T}}$，求一个标准正交向量组 $\boldsymbol{\varepsilon}_1,\boldsymbol{\varepsilon}_2,\boldsymbol{\varepsilon}_3$，使得 $\boldsymbol{\varepsilon}_1$ 与 $\boldsymbol{\alpha}_1$ 等价，$\boldsymbol{\varepsilon}_1,\boldsymbol{\varepsilon}_2$ 与 $\boldsymbol{\alpha}_1,\boldsymbol{\alpha}_2$ 等价.

4. 设 $\boldsymbol{A}=\begin{bmatrix}1&0&1\\1&1&2\\1&-1&1\end{bmatrix}$，求一个正交矩阵 $\boldsymbol{Q}$ 和一个主对角元均大于 0 的上三角矩阵 $\boldsymbol{T}$，使得 $\boldsymbol{A}=\boldsymbol{QT}$.

5. 求向量 $\boldsymbol{\alpha}=(1,2,3)^{\mathrm{T}}$ 在 $\mathbf{R}^3$ 的标准正交基

$$\boldsymbol{\varepsilon}_1=\frac{1}{3}(\sqrt{3},\sqrt{3},\sqrt{3})^{\mathrm{T}},\quad \boldsymbol{\varepsilon}_2=\frac{1}{2}(0,\sqrt{2},-\sqrt{2})^{\mathrm{T}},\quad \boldsymbol{\varepsilon}_3=\frac{1}{6}(-2\sqrt{6},\sqrt{6},\sqrt{6})^{\mathrm{T}}$$

下的坐标.

6. 设 $\boldsymbol{\alpha}$ 是 n 维列向量，$\boldsymbol{\alpha}$ 的长度 $\|\boldsymbol{\alpha}\|=\sqrt{3}$，$\boldsymbol{E}$ 为 n 阶单位矩阵，$\boldsymbol{H}=\boldsymbol{E}-k\boldsymbol{\alpha}\boldsymbol{\alpha}^{\mathrm{T}}$，问实数 k 取何值时 $\boldsymbol{H}$ 为正交阵？

7. 设 n 阶正交矩阵 $\boldsymbol{A}$ 的行列式 $|\boldsymbol{A}|=-1$，求行列式 $|\boldsymbol{E}+\boldsymbol{A}|$ 的值.

8. 设 $\boldsymbol{A}$ 是 n 阶正交矩阵，$\boldsymbol{\alpha}_1,\boldsymbol{\alpha}_2$ 是 n 维实列向量，$\boldsymbol{\beta}_1=\boldsymbol{A}\boldsymbol{\alpha}_1,\boldsymbol{\beta}_2=\boldsymbol{A}\boldsymbol{\alpha}_2$，证明：

$$\langle\boldsymbol{\alpha}_1,\boldsymbol{\alpha}_2\rangle=\langle\boldsymbol{\beta}_1,\boldsymbol{\beta}_2\rangle.$$

9. 设 $\boldsymbol{A}$ 是 n 阶实矩阵，若对于任意的 n 维实列向量 $\boldsymbol{\alpha}$，都有 $\|\boldsymbol{A\alpha}\|=\|\boldsymbol{\alpha}\|$，证明：$\boldsymbol{A}$ 是正交矩阵.

10. 判断题.

(1) 设 $\boldsymbol{\alpha}_1,\boldsymbol{\alpha}_2,\cdots,\boldsymbol{\alpha}_n,\boldsymbol{\beta}\in\mathbf{R}^n$，其中 $\boldsymbol{\alpha}_1,\boldsymbol{\alpha}_2,\cdots,\boldsymbol{\alpha}_n$ 线性无关，若 $\boldsymbol{\beta}$ 与 $\boldsymbol{\alpha}_1,\boldsymbol{\alpha}_2,\cdots,\boldsymbol{\alpha}_n$ 中的每个向量的内积都等于 0，则 $\boldsymbol{\beta}=\mathbf{0}$.　(　　)

(2) $\mathbf{R}^n$ 中不存在 $n+1$ 个两两正交非零向量.　(　　)

(3) $\mathbf{R}^n$ 的两组标准正交基之间的过渡矩阵一定是正交矩阵.　(　　)

(4) 设 $\boldsymbol{\beta}=k_1\boldsymbol{\alpha}_1+k_2\boldsymbol{\alpha}_2$，其中 $\boldsymbol{\alpha}_1,\boldsymbol{\alpha}_2$ 为 $\mathbf{R}^n$ 中的标准正交向量组，$k_1,k_2\in\mathbf{R}$，则

$$k_1=\langle\boldsymbol{\alpha}_1,\boldsymbol{\beta}\rangle,\quad k_2=\langle\boldsymbol{\alpha}_2,\boldsymbol{\beta}\rangle.$$　(　　)

(5) 设 $\boldsymbol{\alpha},\boldsymbol{\beta}\in\mathbf{R}^n$，则 $\langle\boldsymbol{\alpha},\boldsymbol{\beta}\rangle=0$ 当且仅当 $\|\boldsymbol{\alpha}+\boldsymbol{\beta}\|^2=\|\boldsymbol{\alpha}\|^2+\|\boldsymbol{\beta}\|^2$.　(　　)

(6) 设 $\boldsymbol{\alpha},\boldsymbol{\beta}\in\mathbf{R}^n$，则 $\boldsymbol{\alpha},\boldsymbol{\beta}$ 线性相关当且仅当 $\|\boldsymbol{\alpha}+\boldsymbol{\beta}\|=\|\boldsymbol{\alpha}\|+\|\boldsymbol{\beta}\|$.　(　　)

(7) 设 $\boldsymbol{Q}$ 是单位矩阵经若干次对换变换所得的矩阵，则 $\boldsymbol{Q}$ 是正交矩阵.　(　　)

(8) 设 $\boldsymbol{A}$ 是二阶实矩阵，则 $\boldsymbol{A}$ 是正交矩阵当且仅当存在 $0\leqslant\varphi\leqslant2\pi$ 使得

$$\boldsymbol{A}=\begin{bmatrix}\cos\varphi & \sin\varphi\\ -\sin\varphi & \cos\varphi\end{bmatrix}.$$
(　　)

(9) 若 $\boldsymbol{A},\boldsymbol{B}$ 都是 n 阶正交矩阵，则 $\boldsymbol{AB}$ 也是正交矩阵.　(　　)

(10) 若 $\boldsymbol{A},\boldsymbol{B}$ 都是 n 阶正交矩阵，则 $\boldsymbol{A}+\boldsymbol{B}$ 也是正交矩阵.　(　　)

三、思考题

设 n 维列向量 $\boldsymbol{\alpha}_1,\boldsymbol{\alpha}_2,\cdots,\boldsymbol{\alpha}_m$ 线性无关，$\boldsymbol{\beta}_1,\boldsymbol{\beta}_2,\cdots,\boldsymbol{\beta}_m$ 与 $\boldsymbol{\gamma}_1,\boldsymbol{\gamma}_2,\cdots,\boldsymbol{\gamma}_m$ 是两个不含零向量的正交向量组. 如果对于任意的 $i=1,2,\cdots,m$，$\boldsymbol{\beta}_i$ 与 $\boldsymbol{\gamma}_i$ 均可由 $\boldsymbol{\alpha}_1,\boldsymbol{\alpha}_2,\cdots,\boldsymbol{\alpha}_i$ 线性表示，证明：存在 $k_i\in\mathbf{R}$，使得 $\boldsymbol{\beta}_i=k_i\boldsymbol{\gamma}_i$，其中 $i=1,2,\cdots,m$.

教学周十　线性方程组(1)

一、主要知识点

线性方程组的概念、Gauss 消元法、线性方程组的解的存在性与唯一性、齐次线性方程组有非零解的条件、齐次线性方程组的解的结构.

二、课后练习

1. 求下列齐次线性方程组的基础解系，并写出其通解(要求写成向量的形式).

(1) $2x_1+3x_2-x_3-5x_4=0$;

(2) $\begin{cases}2x_1+x_2-3x_3+2x_4=0,\\3x_1+2x_2+x_3-2x_4=0,\\x_1+x_2+4x_3-4x_4=0.\end{cases}$

2. 对于齐次线性方程组

$$\begin{cases}\lambda x_1+x_2+x_3+x_4=0,\\x_1+\lambda x_2+x_3+x_4=0,\\x_1+x_2+\lambda x_3+x_4=0,\\x_1+x_2+x_3+\lambda x_4=0,\end{cases}$$

问参数 λ 为何值时有非零解？当方程组有非零解时，求其基础解系.

3. 设矩阵 $\boldsymbol{A}=(a_{ij})_{n\times n}$ 的各行元素之和 $a_{i1}+a_{i2}+\cdots+a_{in}=0(i=1,2,\cdots,n)$，且 $\boldsymbol{A}$ 的伴随矩阵 $\boldsymbol{A}^*\neq\boldsymbol{O}$，求齐次线性方程组 $\boldsymbol{Ax}=\boldsymbol{0}$ 的一个基础解系.

4. 求一个 2×4 的行最简形矩阵 $\boldsymbol{A}$，使得 $\boldsymbol{\xi}_1=(2,1,3,0)^{\mathrm{T}}$，$\boldsymbol{\xi}_2=(1,0,-2,1)^{\mathrm{T}}$ 为齐次线性方程组 $\boldsymbol{Ax}=\boldsymbol{0}$ 的一个基础解系.

5. 设 $\boldsymbol{\eta}_1, \boldsymbol{\eta}_2, \boldsymbol{\eta}_3$ 是齐次线性方程组 $\boldsymbol{Ax}=\boldsymbol{0}$ 的一组线性无关的解，$\boldsymbol{\xi}$ 不是 $\boldsymbol{Ax}=\boldsymbol{0}$ 的解. 证明：$\boldsymbol{\xi}, \boldsymbol{\xi}+\boldsymbol{\eta}_1, \boldsymbol{\xi}+\boldsymbol{\eta}_2, \boldsymbol{\xi}+\boldsymbol{\eta}_3$ 线性无关.

6. 设 $\boldsymbol{A}$ 为 $s\times n$ 矩阵，$0<\mathrm{r}(\boldsymbol{A})=r<n$. 证明：$\boldsymbol{Ax}=\boldsymbol{0}$ 的任意 $n-r$ 个线性无关的解都是其基础解系.

基础解系不唯一

7. 证明：与齐次线性方程组 $\boldsymbol{A}\boldsymbol{x}=\mathbf{0}$ 的一个基础解系等价的线性无关的向量组也是该齐次线性方程组 $\boldsymbol{A}\boldsymbol{x}=\mathbf{0}$ 的基础解系.

齐次线性方程组的解的结构

8. 已知 $\boldsymbol{A}$，$\boldsymbol{B}$ 分别是 $s\times n$ 和 $n\times t$ 矩阵，证明：$\mathrm{r}(\boldsymbol{AB})=\mathrm{r}(\boldsymbol{B})$ 当且仅当齐次线性方程组 $\boldsymbol{AB}\boldsymbol{x}=\mathbf{0}$ 与 $\boldsymbol{B}\boldsymbol{x}=\mathbf{0}$ 同解.

9．设 $\boldsymbol{A}$ 为实矩阵，证明：$\mathrm{r}(\boldsymbol{A}^{\mathrm{T}}\boldsymbol{A})=\mathrm{r}(\boldsymbol{A})$.

齐次线性方程组的解的结构

10．判断题.

(1) 设 $\boldsymbol{A}$ 为 $m\times n$ 矩阵，$\boldsymbol{b}$ 为 m 维非零列向量，且

$$\boldsymbol{x}=(x_1,x_2,\cdots,x_n)^{\mathrm{T}},\quad \boldsymbol{y}=(y_1,y_2,\cdots,y_{n+1})^{\mathrm{T}}.$$

若线性方程组 $\boldsymbol{Ax}=\boldsymbol{b}$ 有唯一解，则 $(\boldsymbol{A},\boldsymbol{b})\boldsymbol{y}=\boldsymbol{0}$ 有无穷多解.　(　　)

(2) 齐次线性方程组 $\boldsymbol{Ax}=\boldsymbol{0}$ 有非零解的充分必要条件是 $\boldsymbol{A}$ 的行向量组线性相关.　(　　)

(3) 设 $\boldsymbol{A}$ 为 $m\times n$ 矩阵，则齐次线性方程组 $\boldsymbol{Ax}=\boldsymbol{0}$ 有非零解的充分必要条件是 $m<n$.　(　　)

(4) 若向量 $\boldsymbol{\alpha},\boldsymbol{\beta}$ 都不是齐次线性方程组 $\boldsymbol{Ax}=\boldsymbol{0}$ 的解，则 $\boldsymbol{\alpha}+\boldsymbol{\beta}$ 也不是 $\boldsymbol{Ax}=\boldsymbol{0}$ 的解.　(　　)

(5) 若齐次线性方程组 $\boldsymbol{Ax}=\boldsymbol{0}$ 有非零解，则 $\boldsymbol{Ax}=\boldsymbol{0}$ 有无穷多解.　(　　)

(6) 设齐次线性方程组 $\boldsymbol{A}\boldsymbol{x}=\boldsymbol{0}$ 有非零解，则行列式 $|\boldsymbol{A}^{\mathrm{T}}\boldsymbol{A}|=0$. (　　)

(7) 若矩阵 $\boldsymbol{A}$ 与 $\boldsymbol{B}$ 等价，则齐次线性方程组 $\boldsymbol{A}\boldsymbol{x}=\boldsymbol{0}$ 与 $\boldsymbol{B}\boldsymbol{x}=\boldsymbol{0}$ 同解. (　　)

(8) 设 n 维列向量 $\boldsymbol{\xi}_1,\boldsymbol{\xi}_2,\cdots,\boldsymbol{\xi}_r$ 线性无关，其中 $0<r<n$，则存在矩阵 $\boldsymbol{A}$ 使得 $\boldsymbol{\xi}_1,\boldsymbol{\xi}_2,\cdots,\boldsymbol{\xi}_r$ 为齐次线性方程组 $\boldsymbol{A}\boldsymbol{x}=\boldsymbol{0}$ 的一个基础解系. (　　)

(9) 设 $\boldsymbol{A}$ 为 $s\times n$ 矩阵，$\boldsymbol{B}$ 为 $t\times n$ 矩阵，$\boldsymbol{x}=(x_1,\cdots,x_n)^{\mathrm{T}}$，则齐次线性方程组 $\boldsymbol{A}\boldsymbol{x}=\boldsymbol{0}$ 与 $\boldsymbol{B}\boldsymbol{x}=\boldsymbol{0}$ 同解的充分必要条件是 $\boldsymbol{A}$ 的行向量组与 $\boldsymbol{B}$ 的行向量组等价. (　　)

(10) 设 $\boldsymbol{P}\boldsymbol{U}=\boldsymbol{Q}\boldsymbol{V}$，其中 $\boldsymbol{P},\boldsymbol{Q}$ 为可逆矩阵，$\boldsymbol{U},\boldsymbol{V}$ 为行最简形矩阵，则 $\boldsymbol{U}=\boldsymbol{V}$. (　　)

三、思考题

设 $\boldsymbol{A}_1,\boldsymbol{A}_2,\cdots,\boldsymbol{A}_s$ 都是 n 列的非零矩阵，证明：存在 n 维列向量 $\boldsymbol{\xi}$ 使得 $\boldsymbol{A}_1\boldsymbol{\xi},\boldsymbol{A}_2\boldsymbol{\xi},\cdots,\boldsymbol{A}_s\boldsymbol{\xi}$ 均非零.

教学周十一　线性方程组(2)和矩阵的特征值与特征向量(1)

一、主要知识点

非齐次线性方程组的解的结构、线性方程组的最佳近似解、最小二乘解、相似矩阵、特征值、特征向量、特征多项式.

二、课后练习

1. 求下列非齐次线性方程组的通解(要求写成向量的形式).

(1) $2x_1+3x_2-x_3-5x_4=1$;

(2) $\begin{cases}2x_1+x_2-3x_3+2x_4=2,\\3x_1+2x_2+x_3-2x_4=4,\\x_1+x_2+4x_3-4x_4=2.\end{cases}$

2. 对于非齐次线性方程组

$$\begin{cases}\lambda x_1+x_2+x_3+x_4=1,\\x_1+\lambda x_2+x_3+x_4=1,\\x_1+x_2+\lambda x_3+x_4=1,\\x_1+x_2+x_3+\lambda x_4=\mu,\end{cases}$$

问参数 λ,μ 为何值时该方程组有唯一解？参数 λ,μ 为何值时该方程组有无穷多解？当该方程组有无穷多解时,求其通解.

3. 设 $\boldsymbol{\eta}_1=(1,2,3,4)^{\mathrm{T}}$，$\boldsymbol{\eta}_2=(2,-1,1,0)^{\mathrm{T}}$ 都是线性方程组 $\boldsymbol{Ax}=\boldsymbol{b}$ 的解，而且 $\boldsymbol{Ax}=\boldsymbol{b}$ 的任意三个解向量都线性相关，求 $\boldsymbol{Ax}=\boldsymbol{b}$ 的通解.

4. 设 $\boldsymbol{A}$ 为 $m\times n$ 矩阵，证明：$\boldsymbol{A}$ 的行向量组线性无关的充分必要条件是任意的 m 维列向量 $\boldsymbol{b}$ 都能由 $\boldsymbol{A}$ 的列向量组线性表示.

5. 设 $\boldsymbol{A}=\begin{bmatrix}1 & 1\\ 1 & 2\\ 1 & -1\end{bmatrix}$, $\boldsymbol{x}=\begin{bmatrix}x_1\\ x_2\end{bmatrix}$, $\boldsymbol{b}=\begin{bmatrix}0\\ 0\\ 1\end{bmatrix}$，求线性方程组 $\boldsymbol{Ax}=\boldsymbol{b}$ 的最小二乘解.

6. 已知矩阵 $\boldsymbol{A}_1$ 与 $\boldsymbol{B}_1$ 相似，$\boldsymbol{A}_2$ 与 $\boldsymbol{B}_2$ 相似，证明：$\begin{bmatrix}\boldsymbol{A}_1 & \boldsymbol{O}\\ \boldsymbol{O} & \boldsymbol{A}_2\end{bmatrix}$与$\begin{bmatrix}\boldsymbol{B}_1 & \boldsymbol{O}\\ \boldsymbol{O} & \boldsymbol{B}_2\end{bmatrix}$相似.

7. 已知$\boldsymbol{\alpha}=(1,1,1)^T$是$\boldsymbol{A}=\begin{bmatrix} a & 1 & 1 \\ 2 & 0 & 1 \\ -1 & 2 & 2 \end{bmatrix}$的属于特征值$\lambda$的特征向量,求$a$与$\lambda$的值.

8. 求下列矩阵的特征值和特征向量:

(1) $\begin{bmatrix} -1 & 1 & 0 \\ -4 & 3 & 0 \\ 1 & 0 & 2 \end{bmatrix}$;　　(2) $\begin{bmatrix} 1 & 2 & 3 \\ 2 & 1 & 3 \\ 3 & 3 & 6 \end{bmatrix}$.

9. 设 $\boldsymbol{\alpha},\boldsymbol{\beta}$ 都是矩阵 $\boldsymbol{A}$ 的特征向量，但它们对应不同的特征值，证明：$\boldsymbol{\alpha}+\boldsymbol{\beta}$ 不是矩阵 $\boldsymbol{A}$ 的特征向量.

10. 判断题.

(1) 若齐次线性方程组 $\boldsymbol{Ax}=\boldsymbol{0}$ 有非零解，则非齐次线性方程组 $\boldsymbol{Ax}=\boldsymbol{b}$ 有无穷多解.（　　）

(2) 设 $\boldsymbol{A}$ 为 $m\times n$ 矩阵，其中 $m<n$，则线性方程组 $\boldsymbol{Ax}=\boldsymbol{b}$ 必有无穷多解.（　　）

(3) 若线性方程组 $\boldsymbol{Ax}=\boldsymbol{b}$ 无解，则 $\boldsymbol{Ax}=\boldsymbol{0}$ 必有非零解.（　　）

(4) 设 $\boldsymbol{A}$ 为 $s\times n$ 矩阵，$\boldsymbol{B}$ 为 $t\times n$ 矩阵，$\boldsymbol{x}=(x_1,\cdots,x_n)^{\mathrm{T}}$，若线性方程组 $\boldsymbol{Ax}=\boldsymbol{b}$ 与线性方程组 $\boldsymbol{Bx}=\boldsymbol{c}$ 都有解，则 $\boldsymbol{Ax}=\boldsymbol{b}$ 与 $\boldsymbol{Bx}=\boldsymbol{c}$ 同解的充分必要条件是 $(\boldsymbol{A},\boldsymbol{b})$ 的行向量组与 $(\boldsymbol{B},\boldsymbol{c})$ 的行向量组等价.（　　）

(5) 若 n 阶矩阵 $\boldsymbol{A}_1$ 与 $\boldsymbol{B}_1$ 相似，$\boldsymbol{A}_2$ 与 $\boldsymbol{B}_2$ 相似，则 $\boldsymbol{A}_1+\boldsymbol{A}_2$ 与 $\boldsymbol{B}_1+\boldsymbol{B}_2$ 相似.（　　）

(6) 若矩阵 $\boldsymbol{A}$ 与 $\boldsymbol{B}$ 相似，而且 $\boldsymbol{A}^2=\boldsymbol{A}$，则 $\boldsymbol{B}^2=\boldsymbol{B}$.　(　　)

(7) 若矩阵 $\boldsymbol{A}$ 与 $\boldsymbol{B}$ 相似，则 $\boldsymbol{A}^{\mathrm{T}}$ 与 $\boldsymbol{B}^{\mathrm{T}}$ 相似.　(　　)

(8) 设 $\boldsymbol{\alpha}$ 是矩阵 $\boldsymbol{A}$ 的特征向量，则对于任意的非零常数 k，$k\boldsymbol{\alpha}$ 也是 $\boldsymbol{A}$ 的特征向量.　(　　)

(9) 设 $\boldsymbol{A}$ 为 n 阶方阵，若所有 n 维非零列向量都是 $\boldsymbol{A}$ 的特征向量，则 $\boldsymbol{A}$ 为数量矩阵.　(　　)

(10) 若矩阵 $\boldsymbol{A}$ 与 $\boldsymbol{B}$ 相似，则 $\boldsymbol{A}$ 的特征向量必为 $\boldsymbol{B}$ 的特征向量.　(　　)

三、思考题

设 $\boldsymbol{A}$ 为 $s\times n$ 矩阵，$\boldsymbol{B}$ 为 $t\times n$ 矩阵，$\boldsymbol{x}=(x_1,\cdots,x_n)^{\mathrm{T}}$，若线性方程组 $\boldsymbol{Ax}=\boldsymbol{b}$ 与 $\boldsymbol{Bx}=\boldsymbol{c}$ 都有解，证明：它们同解的充分必要条件是$(\boldsymbol{A},\boldsymbol{b})$的行向量组与$(\boldsymbol{B},\boldsymbol{c})$的行向量组等价.

两个线性方程组同解的充分必要条件

教学周十二　矩阵的特征值与特征向量(2)

一、主要知识点

矩阵的相似对角化、实对称矩阵的正交相似对角化、Hamilton-Cayley 定理、最小多项式.

二、课后练习

1. 设矩阵 $\boldsymbol{A}=\begin{bmatrix}-1 & 1 & 0\\ -4 & 3 & 0\\ 1 & 0 & 2\end{bmatrix}$,问 $\boldsymbol{A}$ 是否与对角矩阵相似？如果不是,请说明理由;如果是,求一个可逆矩阵 $\boldsymbol{P}$ 和对角矩阵 $\boldsymbol{\Lambda}$ 使得 $\boldsymbol{P}^{-1}\boldsymbol{A}\boldsymbol{P}=\boldsymbol{\Lambda}$.

2. 设矩阵 $\boldsymbol{A}=\begin{bmatrix}1 & 4 & 6\\ 0 & 2 & 5\\ 0 & 0 & 3\end{bmatrix}$,问 $\boldsymbol{A}$ 是否与对角矩阵相似？如果不是,请说明理由;如果是,求一个可逆矩阵 $\boldsymbol{P}$ 和对角矩阵 $\boldsymbol{\Lambda}$ 使得 $\boldsymbol{P}^{-1}\boldsymbol{A}\boldsymbol{P}=\boldsymbol{\Lambda}$.

3. 已知 $\boldsymbol{A}$ 为三阶方阵，$\boldsymbol{\xi}_1,\boldsymbol{\xi}_2,\boldsymbol{\xi}_3$ 为线性无关的三维列向量，且

$$\boldsymbol{A\xi}_1=\boldsymbol{\xi}_1+2\boldsymbol{\xi}_3,\quad \boldsymbol{A\xi}_2=\boldsymbol{\xi}_1+\boldsymbol{\xi}_2,\quad \boldsymbol{A\xi}_3=3\boldsymbol{\xi}_1.$$

问 $\boldsymbol{A}$ 是否与对角矩阵相似？如果不是，请说明理由；如果是，请写出一个与 $\boldsymbol{A}$ 相似的对角矩阵 $\boldsymbol{\Lambda}$.

4. 设三阶方阵 $\boldsymbol{A}$ 的特征值为 1，−1，2，令 $\boldsymbol{B}=\boldsymbol{A}^2-5\boldsymbol{A}+2\boldsymbol{E}$，求 $\boldsymbol{B}$ 的特征值、行列式 $|\boldsymbol{B}|$ 的值以及 $\mathrm{tr}(\boldsymbol{B})$.

5. 设矩阵 $\boldsymbol{A}$ 与 $\boldsymbol{B}$ 相似,其中

$$\boldsymbol{A}=\begin{bmatrix}-2 & 0 & 0\\ 2 & x & 2\\ 3 & 1 & 1\end{bmatrix},\quad \boldsymbol{B}=\begin{bmatrix}-1 & 0 & 0\\ 0 & 2 & 0\\ 0 & 0 & y\end{bmatrix}.$$

(1) 求 x 和 y 的值;

(2) 求可逆矩阵 $\boldsymbol{P}$,使 $\boldsymbol{P}^{-1}\boldsymbol{A}\boldsymbol{P}=\boldsymbol{B}$.

6. 设矩阵 $\boldsymbol{A}=\begin{bmatrix}0 & -1 & 1\\ -1 & 0 & 1\\ 1 & 1 & 0\end{bmatrix}$,求一个正交矩阵 $\boldsymbol{Q}$ 及对角阵 $\boldsymbol{\Lambda}$ 使 $\boldsymbol{Q}^{-1}\boldsymbol{A}\boldsymbol{Q}=\boldsymbol{\Lambda}$.

7. 设三阶实对称阵 $\boldsymbol{A}$ 的特征值为 $\lambda_1=1,\lambda_2=-1,\lambda_3=0$，且对应于 λ_1,λ_2 的特征向量依次为 $\boldsymbol{p}_1=(1,2,2)^T,\boldsymbol{p}_2=(2,1,-2)^T$，求 $\boldsymbol{A}$.

8. 设矩阵 $\boldsymbol{A}=\begin{bmatrix}2 & 3 & 2\\ 1 & 4 & 2\\ 1 & -3 & 1\end{bmatrix}$，多项式 $f(\lambda)=\lambda^4-6\lambda^3+8\lambda^2+5\lambda-7$，求 $\boldsymbol{A}$ 的特征多项式以及 $f(\boldsymbol{A})$.

9. 设矩阵 $\boldsymbol{A}=\begin{bmatrix}-2 & 1 & 1\\ 0 & 2 & 0\\ -4 & 1 & 3\end{bmatrix}$,求 $\boldsymbol{A}$ 的最小多项式以及 $\boldsymbol{A}^{10}$.

10. 判断题.

(1) 若矩阵 $\boldsymbol{A}\neq\boldsymbol{O}$,但 $\boldsymbol{A}^3=\boldsymbol{O}$,则 $\boldsymbol{A}$ 不与对角矩阵相似.　(　　)

(2) 设 n 阶方阵 $\boldsymbol{A}$ 与对角矩阵相似,则 $\boldsymbol{A}$ 有 n 个互异的特征值.　(　　)

(3) 若二阶实矩阵 $\boldsymbol{A}$ 的行列式 $|\boldsymbol{A}|<0$,则 $\boldsymbol{A}$ 与对角矩阵相似.　(　　)

(4) 设矩阵 $\boldsymbol{A}$ 满足 $\boldsymbol{A}^2=\boldsymbol{A}$,则 $\boldsymbol{A}$ 相似于对角阵.　(　　)

(5) 若 $\boldsymbol{Q}^{-1}\boldsymbol{A}\boldsymbol{Q}$ 为对角矩阵,其中 $\boldsymbol{Q}$ 为正交矩阵,则 $\boldsymbol{A}$ 一定是对称矩阵.　(　　)

(6) 若实对称矩阵 $\boldsymbol{A}$ 满足 $\boldsymbol{A}^3+2\boldsymbol{A}^2+2\boldsymbol{A}+\boldsymbol{E}=\boldsymbol{O}$,则 $\boldsymbol{A}=-\boldsymbol{E}$. (　　)

(7) 若三阶方阵 $\boldsymbol{A}$ 可逆,则存在多项式 $f(x)=ax^2+bx+c$ 使得 $\boldsymbol{A}^{-1}=f(\boldsymbol{A})$. (　　)

(8) 设矩阵 $\boldsymbol{A}$ 与 $\boldsymbol{B}$ 的最小多项式相同,则 $\boldsymbol{A}$ 与 $\boldsymbol{B}$ 相似. (　　)

(9) 设 $\boldsymbol{A}$ 为 n 阶零矩阵,则 $\boldsymbol{A}$ 的最小多项式 $m(\lambda)=0$. (　　)

(10) 若矩阵 $\boldsymbol{A}$ 的最小多项式为 $m(\lambda)=\lambda^2-5\lambda+6$,则 $\boldsymbol{A}$ 可逆. (　　)

三、思考题

设 $\boldsymbol{\alpha}=(1,2,-2)^{\mathrm{T}}$,证明:存在唯一的三阶实对称矩阵 $\boldsymbol{A}$ 使得

$$|\lambda\boldsymbol{E}-\boldsymbol{A}|=(\lambda-1)^2(\lambda-10),$$

并且 $\boldsymbol{A}\boldsymbol{\alpha}=10\boldsymbol{\alpha}$.

实对称矩阵的相似对角化

教学周十三　矩阵的特征值与特征向量(3)

一、主要知识点

Jordan 块、Jordan 形矩阵、矩阵的 Jordan 标准形、Jordan 标准形的存在性、Jordan 标准形的唯一性、Jordan 标准形的计算、Jordan 标准形的应用.

二、课后练习

1. 设矩阵 $\boldsymbol{A}$ 的特征多项式为 $|\lambda\boldsymbol{E}-\boldsymbol{A}|=(\lambda-1)^3(\lambda+2)^2$，问 $\boldsymbol{A}$ 的 Jordan 标准形有哪几种可能?

2. 设矩阵 $\boldsymbol{A}=\begin{bmatrix} 2+a & -a & b \\ a & 2-a & 0 \\ 0 & 0 & 2 \end{bmatrix}$.

(1) 问 a,b 满足什么条件时，$\boldsymbol{A}$ 与对角矩阵相似?

(2) 当 $a=2,b=1$ 时，求 $\boldsymbol{A}$ 的 Jordan 标准形.

3. 已知矩阵$\boldsymbol{A}=\begin{bmatrix}3 & a\\0 & a\end{bmatrix}$不与对角矩阵相似.

(1) 求 a 的值；

(2) 求 $\boldsymbol{A}$ 的 Jordan 标准形 $\boldsymbol{J}$ 以及可逆矩阵 $\boldsymbol{P}$ 使得 $\boldsymbol{P}^{-1}\boldsymbol{A}\boldsymbol{P}=\boldsymbol{J}$.

4. 设 $\boldsymbol{A}=\begin{bmatrix}1 & 1 & 1\\0 & 1 & 1\\0 & 0 & 1\end{bmatrix}$,证明:$\boldsymbol{A}$ 与 $\boldsymbol{A}^2$ 相似.

若尔当标准形的计算

若尔当标准形的应用

5. 设 $\boldsymbol{A}$ 为三阶方阵,$\boldsymbol{\alpha}$ 为三维列向量,若 $\boldsymbol{A}^2\boldsymbol{\alpha}\neq\boldsymbol{0}$,$\boldsymbol{A}^3\boldsymbol{\alpha}=\boldsymbol{0}$.

(1) 证明:$\boldsymbol{\alpha},\boldsymbol{A}\boldsymbol{\alpha},\boldsymbol{A}^2\boldsymbol{\alpha}$ 线性无关；

(2) 证明:$\boldsymbol{A}$ 的 Jordan 标准形 $\boldsymbol{J}=\begin{bmatrix}0 & 1 & 0\\0 & 0 & 1\\0 & 0 & 0\end{bmatrix}$.

6. 已知矩阵 $\boldsymbol{A}$ 的 Jordan 标准形 $\boldsymbol{J}=\begin{bmatrix}\boldsymbol{J}_1 & \boldsymbol{O}\\ \boldsymbol{O} & \boldsymbol{J}_2\end{bmatrix}$,其中$\boldsymbol{J}_1=\begin{bmatrix}2 & 1 & 0\\ 0 & 2 & 1\\ 0 & 0 & 2\end{bmatrix}$,$\boldsymbol{J}_2=\begin{bmatrix}2 & 1\\ 0 & 2\end{bmatrix}$,求 $\boldsymbol{A}$ 的最小多项式.

7. 已知矩阵 $\boldsymbol{A}$ 的 Jordan 标准形 $\boldsymbol{J}=\begin{bmatrix}\boldsymbol{J}_1 & \boldsymbol{O}\\ \boldsymbol{O} & \boldsymbol{J}_2\end{bmatrix}$,其中 $\boldsymbol{J}_1=\begin{bmatrix}2 & 1 & 0\\ 0 & 2 & 1\\ 0 & 0 & 2\end{bmatrix}$,$\boldsymbol{J}_2=\begin{bmatrix}0 & 1\\ 0 & 0\end{bmatrix}$,求 $\boldsymbol{A}$ 的最小多项式.

8. 判断题.

(1) 矩阵$\begin{bmatrix}1 & 0\\ 1 & 1\end{bmatrix}$与$\begin{bmatrix}1 & 1\\ 0 & 1\end{bmatrix}$相似.　(　　)

(2) 矩阵$\begin{bmatrix}1 & 0\\ 1 & 1\end{bmatrix}$与$\begin{bmatrix}1 & 0\\ 0 & 1\end{bmatrix}$相似.　(　　)

(3) 设 $\boldsymbol{A}$ 为 n 阶方阵,则 $\boldsymbol{A}$ 与 $\boldsymbol{A}^{\mathrm{T}}$ 相似.　(　　)

(4) 设 $\boldsymbol{A}$ 为 m 阶方阵,$\boldsymbol{B}$ 为 n 阶方阵,则分块对角矩阵$\begin{bmatrix}\boldsymbol{A} & \boldsymbol{O}\\ \boldsymbol{O} & \boldsymbol{B}\end{bmatrix}$与$\begin{bmatrix}\boldsymbol{B} & \boldsymbol{O}\\ \boldsymbol{O} & \boldsymbol{A}\end{bmatrix}$相似.　(　　)

(5) 矩阵 $\boldsymbol{A}=\begin{bmatrix}1 & 1\\-1 & -1\end{bmatrix}$ 的 Jordan 标准形 $\boldsymbol{J}=\begin{bmatrix}0 & 1\\0 & 0\end{bmatrix}$. (　　)

(6) 设 $\boldsymbol{\alpha},\boldsymbol{\beta}$ 为三维列向量,则矩阵 $\boldsymbol{\alpha}\boldsymbol{\beta}^{\mathrm{T}}$ 要么与 $\begin{bmatrix}\boldsymbol{\alpha}^{\mathrm{T}}\boldsymbol{\beta} & 0 & 0\\0 & 0 & 0\\0 & 0 & 0\end{bmatrix}$ 相似,要么与 $\begin{bmatrix}0 & 1 & 0\\0 & 0 & 0\\0 & 0 & 0\end{bmatrix}$ 相似. (　　)

(7) n 阶方阵 $\boldsymbol{A}$ 与 $\boldsymbol{B}$ 相似的充分必要条件是它们具有相同的 Jordan 标准形. (　　)

(8) 设 $\boldsymbol{A}_1,\boldsymbol{B}_1$ 为 m 阶方阵,$\boldsymbol{A}_2,\boldsymbol{B}_2$ 为 n 阶方阵,对于分块对角矩阵

$$\boldsymbol{A}=\begin{bmatrix}\boldsymbol{A}_1 & \boldsymbol{O}\\\boldsymbol{O} & \boldsymbol{A}_2\end{bmatrix},\quad \boldsymbol{B}=\begin{bmatrix}\boldsymbol{B}_1 & \boldsymbol{O}\\\boldsymbol{O} & \boldsymbol{B}_2\end{bmatrix},$$

若 $\boldsymbol{A}$ 与 $\boldsymbol{B}$ 相似,且 $\boldsymbol{A}_1$ 与 $\boldsymbol{B}_1$ 相似,则 $\boldsymbol{A}_2$ 与 $\boldsymbol{B}_2$ 相似. (　　)

(9) 设 $\boldsymbol{A}$ 为 m 阶方阵,$\boldsymbol{B}$ 为 n 阶方阵,若 $\begin{bmatrix}\boldsymbol{A} & \boldsymbol{O}\\\boldsymbol{O} & \boldsymbol{B}\end{bmatrix}$ 与对角矩阵相似,则 $\boldsymbol{A},\boldsymbol{B}$ 都与对角矩阵相似. (　　)

(10) 设矩阵 $\boldsymbol{A}$ 的特征多项式为 $|\lambda\boldsymbol{E}-\boldsymbol{A}|=(\lambda-1)^2(\lambda+2)^2$,则

$$|\lambda\boldsymbol{E}-\boldsymbol{A}^2|=(\lambda-1)^2(\lambda-4)^2.$$ (　　)

三、思考题

设 $\boldsymbol{A}$ 为 n 阶复矩阵,证明:存在幂等矩阵 $\boldsymbol{B}$(即 $\boldsymbol{B}^2=\boldsymbol{B}$)和可逆矩阵 $\boldsymbol{U}$ 使得 $\boldsymbol{A}=\boldsymbol{B}+\boldsymbol{U}$.

若尔当标准形的应用

教学周十四　二次型(1)

一、主要知识点

二次型的定义、二次型的矩阵、二次型的合同、实对称矩阵的合同、二次型的标准形、配方法、正交变换法.

二、课后练习

1. 写出下列二次型的矩阵：

(1) $f(x_1,x_2,x_3)=(x_1,x_2,x_3)\begin{bmatrix}1&2&3\\0&1&2\\1&0&3\end{bmatrix}\begin{bmatrix}x_1\\x_2\\x_3\end{bmatrix}$；

(2) $f(x_1,x_2,x_3)=(a_1x_1+a_2x_2+a_3x_3)^2$；

(3) $f(x_1,x_2,x_3)=(x_1+x_2)^2+(x_2-x_3)^2+(x_3+x_1)^2$.

2. 用配方法把二次型 $f(x_1,x_2,x_3)=(x_1+x_2)^2+(x_2-x_3)^2+(x_3+x_1)^2$ 化为标准形，并写出所用的可逆线性变换.

3. 用配方法把二次型 $f(x_1,x_2,x_3)=x_1x_2+x_1x_3+x_2x_3$ 化为标准形，并写出所用的可逆线性变换.

4. 设二次型 $f(x_1,x_2,x_3)=2x_1^2+3x_2^2+x_3^2+4x_1x_2-4x_1x_3$.

(1) 用正交变换法把二次型 $f(x_1,x_2,x_3)$化为标准形，并写出所用的正交变换；

(2) 求 $f(x_1,x_2,x_3)$在条件 $x_1^2+x_2^2+x_3^2=1$ 下的最大值与最小值.

5. 已知二次型 $f(x_1,x_2,x_3)=2x_1^2+3x_2^2+3x_3^2+2ax_2x_3(a>0)$经过正交变换 $\boldsymbol{x}=\boldsymbol{Q}\boldsymbol{y}$ 化为标准形 $y_1^2+2y_2^2+5y_3^2$,求参数 a 以及正交矩阵 $\boldsymbol{Q}$.

6. 若实对称矩阵 $\boldsymbol{A}_1,\boldsymbol{B}_1$ 合同,$\boldsymbol{A}_2,\boldsymbol{B}_2$ 合同,证明:分块对角矩阵$\begin{bmatrix}\boldsymbol{A}_1 & \boldsymbol{O}\\ \boldsymbol{O} & \boldsymbol{A}_2\end{bmatrix}$,$\begin{bmatrix}\boldsymbol{B}_1 & \boldsymbol{O}\\ \boldsymbol{O} & \boldsymbol{B}_2\end{bmatrix}$合同.

7. 设 $\boldsymbol{A}$ 为 m 阶方阵,$\boldsymbol{B}$ 为 n 阶方阵,证明:分块对角矩阵$\begin{bmatrix}\boldsymbol{A} & \boldsymbol{O}\\ \boldsymbol{O} & \boldsymbol{B}\end{bmatrix}$与$\begin{bmatrix}\boldsymbol{B} & \boldsymbol{O}\\ \boldsymbol{O} & \boldsymbol{A}\end{bmatrix}$合同.

8. 判断题.

(1) 若矩阵 $\boldsymbol{A}$ 与对角矩阵合同,则 $\boldsymbol{A}^{\mathrm{T}}=\boldsymbol{A}$. ( )

(2) 若可逆矩阵 $\boldsymbol{A}$ 与 $\boldsymbol{B}$ 合同,则 $\boldsymbol{A}^{-1}$ 与 $\boldsymbol{B}^{-1}$ 合同. ( )

(3) 若矩阵 $\boldsymbol{A}$ 与 $\boldsymbol{B}$ 合同,则 $\boldsymbol{A}$ 与 $\boldsymbol{B}$ 等价. ( )

(4) 若矩阵 $\boldsymbol{A}$ 与 $\boldsymbol{B}$ 合同,则 $\boldsymbol{A}$ 与 $\boldsymbol{B}$ 相似. ( )

(5) 若实对称矩阵 $\boldsymbol{A}$ 与 $\boldsymbol{B}$ 相似,则 $\boldsymbol{A}$ 与 $\boldsymbol{B}$ 合同. ( )

(6) 设 $\boldsymbol{A},\boldsymbol{B}$ 为 n 阶方阵,若 $\boldsymbol{A}$ 为正交矩阵,则 $\boldsymbol{AB}$ 与 $\boldsymbol{BA}$ 合同. ( )

(7) 若 $\boldsymbol{A}$ 为实可逆矩阵,则 $\boldsymbol{A}^{\mathrm{T}}\boldsymbol{A}$ 与 $\boldsymbol{A}\boldsymbol{A}^{\mathrm{T}}$ 合同. ( )

(8) 设 $\boldsymbol{A},\boldsymbol{B}$ 为二阶实对称矩阵,若 $|\boldsymbol{A}|$ 与 $|\boldsymbol{B}|$ 都为负数,则 $\boldsymbol{A}$ 与 $\boldsymbol{B}$ 合同. ( )

(9) 设 $\boldsymbol{A}$ 为三阶实对称矩阵,$\boldsymbol{x}=(x_1,x_2,x_3)^{\mathrm{T}}$,若二次型 $f(x_1,x_2,x_3)=\boldsymbol{x}^{\mathrm{T}}\boldsymbol{A}\boldsymbol{x}$ 经过可逆线性变换化为标准形 $2y_1^2+y_2^2-5y_3^2$,则 $\boldsymbol{A}$ 的特征值为 $2,1,-5$. ( )

(10) 设实二次型 $f(x_1,x_2,x_3)=\boldsymbol{x}^{\mathrm{T}}\boldsymbol{\alpha}\boldsymbol{\alpha}^{\mathrm{T}}\boldsymbol{x}$,其中 $\boldsymbol{\alpha}=(a_1,a_2,a_3)^{\mathrm{T}}$,$\boldsymbol{x}=(x_1,x_2,x_3)^{\mathrm{T}}$,若 $\boldsymbol{\alpha}$ 为单位向量,则二次型 $f(x_1,x_2,x_3)$ 可以经过正交变换化为标准形 $y_1^2+0y_2^2+0y_3^2$. ( )

三、思考题

设分块对角矩阵 $\begin{bmatrix}\boldsymbol{S} & \boldsymbol{O}\\ \boldsymbol{O} & \boldsymbol{S}_1\end{bmatrix}$ 与 $\begin{bmatrix}\boldsymbol{S} & \boldsymbol{O}\\ \boldsymbol{O} & \boldsymbol{S}_2\end{bmatrix}$ 合同,其中 $\boldsymbol{S}$ 为 m 阶实对称矩阵,$\boldsymbol{S}_1,\boldsymbol{S}_2$ 为 n 阶实对称矩阵,证明:$\boldsymbol{S}_1$ 与 $\boldsymbol{S}_2$ 合同.

Witt 定理的推广

教学周十五　二次型(2)

一、主要知识点

惯性定理、惯性指数、规范形、正定性.

二、课后练习

1. 求下列实二次型的正、负惯性指数，并写出它们的规范形.

(1) $f(x_1,x_2,x_3)=(x_1,x_2,x_3)\begin{bmatrix}1&2&3\\0&1&2\\1&0&3\end{bmatrix}\begin{bmatrix}x_1\\x_2\\x_3\end{bmatrix}$；

(2) $f(x_1,x_2,x_3)=(a_1x_1+a_2x_2+a_3x_3)^2$，其中实数 a_1,a_2,a_3 不全为零；

(3) $f(x_1,x_2,x_3)=(x_1+x_2)^2+(x_2-x_3)^2+(x_3+x_1)^2$.

2. 已知矩阵 $\boldsymbol{B}=\lambda\boldsymbol{E}+\boldsymbol{A}^{\mathrm{T}}\boldsymbol{A}$，其中 $\boldsymbol{E}$ 为单位矩阵，$\boldsymbol{A}$ 为实矩阵. 证明：当 $\lambda>0$ 时，矩阵 $\boldsymbol{B}$ 为正定矩阵.

3. 设 $\boldsymbol{A}$ 为正定矩阵，$\boldsymbol{A}^*$ 为 $\boldsymbol{A}$ 的伴随矩阵，证明：$\boldsymbol{A}^*$ 为正定矩阵.

4. 设二次型 $f(x_1,x_2,x_3)=x_1^2+4x_2^2+4x_3^2+2kx_1x_2-2x_1x_3+4x_2x_3$，其中 k 为实数，问 k 为何值时，$f(x_1,x_2,x_3)$ 为正定二次型？

5. 设矩阵 $\boldsymbol{B}=(k\boldsymbol{E}+\boldsymbol{A})^2$，其中 k 为实数，$\boldsymbol{E}$ 为单位矩阵，$\boldsymbol{A}=\begin{bmatrix}1&0&1\\0&2&0\\1&0&1\end{bmatrix}$，求一个对角阵 $\boldsymbol{\Lambda}$ 使 $\boldsymbol{B}$ 与 $\boldsymbol{\Lambda}$ 相似，并确定 k 为何值时，$\boldsymbol{B}$ 为正定矩阵.

6. 设 $\boldsymbol{A}$ 和 $\boldsymbol{B}$ 是两个 n 阶实对称矩阵，且 $\boldsymbol{A}$ 为正定矩阵，证明：存在可逆矩阵 $\boldsymbol{P}$，使 $\boldsymbol{P}^{\mathrm{T}}\boldsymbol{A}\boldsymbol{P}$ 与 $\boldsymbol{P}^{\mathrm{T}}\boldsymbol{B}\boldsymbol{P}$ 均为对角矩阵.

实二次型的正定性

7. 已知 $\boldsymbol{A}=\begin{bmatrix}2 & 1\\ 1 & 2\end{bmatrix}$，求一个正定矩阵 $\boldsymbol{B}$ 使得 $\boldsymbol{A}=\boldsymbol{B}^2$.

8. 判断题.

(1) 若矩阵 $\boldsymbol{A}=\boldsymbol{\alpha}\boldsymbol{\alpha}^{\mathrm{T}}+2\boldsymbol{\beta}\boldsymbol{\beta}^{\mathrm{T}}-3\boldsymbol{\gamma}\boldsymbol{\gamma}^{\mathrm{T}}$，其中 $\boldsymbol{\alpha},\boldsymbol{\beta},\boldsymbol{\gamma}$ 为 $\mathbf{R}^n$ 中的标准正交向量组，则 $\boldsymbol{A}$ 的正惯性指数为 2，负惯性指数为 1.　（　　）

(2) 设实矩阵 $\boldsymbol{A}=(\boldsymbol{\alpha}_1,\boldsymbol{\alpha}_2,\boldsymbol{\alpha}_3)$ 的列向量组 $\boldsymbol{\alpha}_1,\boldsymbol{\alpha}_2,\boldsymbol{\alpha}_3$ 线性无关，若

$$\boldsymbol{B}=\boldsymbol{A}\begin{bmatrix}1 & 0 & 0\\ 0 & 2 & 0\\ 0 & 0 & -3\end{bmatrix}\boldsymbol{A}^{\mathrm{T}},$$

则 $\boldsymbol{B}$ 的正惯性指数为 2，负惯性指数为 1.　（　　）

(3) 矩阵 $\begin{bmatrix}1 & 1\\ 1 & -1\end{bmatrix}$ 与 $\begin{bmatrix}1 & 2\\ 2 & 1\end{bmatrix}$ 合同，但不相似.　（　　）

(4) 实对称矩阵 $\boldsymbol{A}$ 与 $\boldsymbol{B}$ 合同当且仅当它们的规范形相同. (　　)

(5) 设 $\boldsymbol{A}$ 为三阶实对称矩阵,若 $\boldsymbol{E}-\boldsymbol{A}, 2\boldsymbol{E}-\boldsymbol{A}, \boldsymbol{E}-3\boldsymbol{A}$ 都不可逆,则 $\boldsymbol{A}$ 正定. (　　)

(6) 设 $\boldsymbol{A}$ 是正定的 n 阶实对称矩阵,则存在唯一的正定矩阵 $\boldsymbol{B}$ 使得 $\boldsymbol{A}=\boldsymbol{B}^2$. (　　)

(7) 设 $\boldsymbol{A}$ 和 $\boldsymbol{B}$ 是两个正定的 n 阶实对称矩阵,$\boldsymbol{C}=\boldsymbol{AB}$,则 $\boldsymbol{C}$ 的特征值全为正数. (　　)

(8) 设 $\boldsymbol{A}_1, \boldsymbol{B}_1$ 为 m 阶实对称矩阵,$\boldsymbol{A}_2, \boldsymbol{B}_2$ 为 n 阶实对称矩阵,分块对角矩阵

$$\boldsymbol{A}=\begin{bmatrix} \boldsymbol{A}_1 & \boldsymbol{O} \\ \boldsymbol{O} & \boldsymbol{A}_2 \end{bmatrix}, \quad \boldsymbol{B}=\begin{bmatrix} \boldsymbol{B}_1 & \boldsymbol{O} \\ \boldsymbol{O} & \boldsymbol{B}_2 \end{bmatrix}.$$

若 $\boldsymbol{A}$ 与 $\boldsymbol{B}$ 合同,且 $\boldsymbol{A}_1$ 与 $\boldsymbol{B}_1$ 合同,则 $\boldsymbol{A}_2$ 与 $\boldsymbol{B}_2$ 合同. (　　)

(9) 设 $\boldsymbol{A}$ 为 m 阶实对称矩阵,$\boldsymbol{B}$ 为 n 阶实对称矩阵,则分块对角矩阵 $\begin{bmatrix} \boldsymbol{A} & \boldsymbol{O} \\ \boldsymbol{O} & \boldsymbol{B} \end{bmatrix}$ 正定的充分必要条件是 $\boldsymbol{A}$ 与 $\boldsymbol{B}$ 都正定. (　　)

(10) 设 $\boldsymbol{A}$ 为实矩阵,则 $\boldsymbol{A}^{\mathrm{T}}\boldsymbol{A}$ 为正定阵当且仅当 $\boldsymbol{A}$ 的列向量组线性无关. (　　)

三、思考题

设 $\boldsymbol{A}, \boldsymbol{B}$ 为 n 阶实矩阵,$\boldsymbol{E}-\boldsymbol{A}\boldsymbol{A}^{\mathrm{T}}, \boldsymbol{E}-\boldsymbol{B}\boldsymbol{B}^{\mathrm{T}}$ 均正定,证明:

(1) $|\boldsymbol{E}-\boldsymbol{A}\boldsymbol{B}^{\mathrm{T}}|^2 \geqslant |\boldsymbol{E}-\boldsymbol{A}\boldsymbol{A}^{\mathrm{T}}|\,|\boldsymbol{E}-\boldsymbol{B}\boldsymbol{B}^{\mathrm{T}}|+|\boldsymbol{B}-\boldsymbol{A}|^2$;

(2) 上式中等号成立的充分必要条件是 $\boldsymbol{A}=\boldsymbol{B}$ 或 $n=1$.

关于行列式的华罗庚不等式

教学周十六　线性空间

一、主要知识点

线性空间的定义、基、维数、坐标.

二、课后练习

1. 设实线性空间 $V=\left\{\begin{bmatrix}a_{11} & a_{12}\\ a_{21} & a_{22}\end{bmatrix}\middle| a_{11},a_{12},a_{21},a_{22}\in\mathbf{R}\right\}$,其中的加法与数乘为通常的矩阵的加法与数乘.请写出 V 的一组基,并写出 $\mathbf{A}=\begin{bmatrix}1 & 0\\ 2 & -3\end{bmatrix}$在这组基下的坐标.

2. 设实线性空间 $V=\left\{\begin{bmatrix}a & 0\\ b & c\end{bmatrix}\middle| a,b,c\in\mathbf{R}\right\}$,其中的加法与数乘为通常的矩阵的加法与数乘.请写出 V 的一组基,并写出 $\mathbf{A}=\begin{bmatrix}1 & 0\\ 2 & -3\end{bmatrix}$在这组基下的坐标.

3. 设实线性空间$V=\left\{\begin{bmatrix} a & b \\ b & c \end{bmatrix}\middle| a,b,c\in\mathbf{R}\right\}$,其中的加法与数乘为通常的矩阵的加法与数乘.请写出V的一组基,并写出$\boldsymbol{A}=\begin{bmatrix} 1 & 2 \\ 2 & -3 \end{bmatrix}$在这组基下的坐标.

4. 设实线性空间$V=\{$二次型$f(x,y)=ax^2+2bxy+cy^2\,|\,a,b,c\in\mathbf{R}\}$,其中的加法与数乘为通常的多项式的加法与数乘.请写出V的一组基,并写出$f(x,y)=x^2-4xy$在这组基下的坐标.

5. 设实线性空间 $V=\{$多项式 $f(x)=ax^2+bx+c \mid a,b,c\in\mathbf{R}\}$，其中的加法与数乘为通常的多项式的加法与数乘. 请写出 V 的一组基，并写出 $f(x)=(x-2)^2$ 在这组基下的坐标.

6. 判断题.

(1) 实线性空间 $V=\left\{\begin{bmatrix} a_{11} & a_{12} \\ a_{21} & a_{22} \end{bmatrix} \middle| a_{11},a_{12},a_{21},a_{22}\in\mathbf{R}\right\}$ 的维数等于 4.　（　）

(2) 实线性空间 $V=\left\{\begin{bmatrix} a & b \\ b & c \end{bmatrix} \middle| a,b,c\in\mathbf{R}\right\}$ 的维数等于 4.　（　）

(3) 实线性空间 $V=\{$多项式 $f(x)=ax^2+bx+c \mid a,b,c\in\mathbf{R}\}$ 中，多项式 $f(x)=x^2$ 在 V 的基 $1,x-1,(x-1)^2$ 下的坐标为 $(1,2,1)$.　（　）

(4) 任何一个线性空间 V 中的零元素都是唯一的.　（　）

(5) 设 V 为一个线性空间，$\boldsymbol{\alpha},\boldsymbol{\beta},\boldsymbol{\gamma}\in V$，若 $\boldsymbol{\alpha}+\boldsymbol{\beta}=\boldsymbol{\alpha}+\boldsymbol{\gamma}$，则 $\boldsymbol{\beta}=\boldsymbol{\gamma}$.　（　）

(6) 设 V 为一个线性空间，$\boldsymbol{\alpha},\boldsymbol{\beta}\in V$，若 $\boldsymbol{\alpha},\boldsymbol{\beta}$ 线性无关，则 $\boldsymbol{\alpha}+\boldsymbol{\beta},2\boldsymbol{\alpha}-\boldsymbol{\beta}$ 也线性无关. (　　)

(7) 设 V 为一个线性空间，$\boldsymbol{\alpha},\boldsymbol{\beta},\boldsymbol{\gamma}\in V$，则 $\boldsymbol{\alpha}+\boldsymbol{\beta},\boldsymbol{\beta}+\boldsymbol{\gamma},\boldsymbol{\alpha}+\boldsymbol{\gamma}$ 一定线性相关. (　　)

(8) 设 V 为一个线性空间，$\boldsymbol{\alpha},\boldsymbol{\beta},\boldsymbol{\gamma}\in V$，若 $\boldsymbol{\alpha},\boldsymbol{\beta},\boldsymbol{\gamma}$ 线性无关，则 $\boldsymbol{\alpha},\boldsymbol{\beta}$ 也线性无关. (　　)

(9) 设 V 为一个线性空间，$\boldsymbol{\alpha},\boldsymbol{\beta},\boldsymbol{\gamma}\in V$，若 $\boldsymbol{\alpha},\boldsymbol{\beta},\boldsymbol{\gamma}$ 能由 $\boldsymbol{\alpha}+\boldsymbol{\beta},\boldsymbol{\beta}+\boldsymbol{\gamma}$ 线性表示，则 $\boldsymbol{\alpha},\boldsymbol{\beta},\boldsymbol{\gamma}$ 一定线性相关. (　　)

(10) 设 V 为一个线性空间，$\boldsymbol{\alpha},\boldsymbol{\beta},\boldsymbol{\gamma}\in V$，若 $\boldsymbol{\alpha},\boldsymbol{\beta}$ 线性无关，$\boldsymbol{\alpha},\boldsymbol{\beta},\boldsymbol{\gamma}$ 线性相关，则 $\boldsymbol{\gamma}$ 一定能由 $\boldsymbol{\alpha},\boldsymbol{\beta}$ 线性表示. (　　)

三、思考题

在线性空间的定义中，加法的交换律是否可以由其余条件推导出来？

线性空间的
简单性质

期末试题一

一、填空题(本大题共 10 小题,每空 3 分,共计 30 分)

1. 设矩阵 $\boldsymbol{A}=\begin{bmatrix}1&1&0\\0&1&0\\0&0&-1\end{bmatrix}$,则 $\boldsymbol{A}^{2021}=$____________.

2. 已知分块矩阵 $\begin{bmatrix}\boldsymbol{O}&\boldsymbol{A}\\\boldsymbol{B}&\boldsymbol{C}\end{bmatrix}$ 中 $\boldsymbol{A}$ 为三阶方阵,$\boldsymbol{B}$ 为二阶方阵,$\boldsymbol{O}$ 为零矩阵,行列式 $|\boldsymbol{A}|=5$,$|\boldsymbol{B}|=-4$,则行列式 $\begin{vmatrix}\boldsymbol{O}&\boldsymbol{A}\\\boldsymbol{B}&\boldsymbol{C}\end{vmatrix}=$____________.

3. 已知三阶方阵 $\boldsymbol{A}=(\boldsymbol{\alpha}_1,\boldsymbol{\alpha}_2,\boldsymbol{\beta})$,$\boldsymbol{B}=(\boldsymbol{\alpha}_1,\boldsymbol{\alpha}_2,\boldsymbol{\gamma})$,且行列式 $|\boldsymbol{A}|=1$,$|\boldsymbol{B}|=2$,则 $\boldsymbol{A}+\boldsymbol{B}$ 的行列式 $|\boldsymbol{A}+\boldsymbol{B}|=$____________.

4. 已知 $\boldsymbol{A}$ 为三阶方阵,若交换 $\boldsymbol{A}$ 的第 1 行和第 3 行得可逆矩阵 $\boldsymbol{B}$,则 $\boldsymbol{A}\boldsymbol{B}^{-1}=$______.

5. 设向量组 $\boldsymbol{\alpha}_1,\boldsymbol{\alpha}_2,\boldsymbol{\alpha}_3$ 线性无关,$\boldsymbol{\beta}_1=\boldsymbol{\alpha}_1-\boldsymbol{\alpha}_2$,$\boldsymbol{\beta}_2=\boldsymbol{\alpha}_2-\boldsymbol{\alpha}_3$,$\boldsymbol{\beta}_3=\boldsymbol{\alpha}_3+k\boldsymbol{\alpha}_1$ 线性相关,则参数 $k=$____________.

6. 已知 $\boldsymbol{A}$ 为五阶方阵,$\boldsymbol{E}$ 为五阶单位矩阵,如果 $\boldsymbol{A}^2=\boldsymbol{E}$,且 $\boldsymbol{A}+\boldsymbol{E}$ 的秩 $\mathrm{r}(\boldsymbol{A}+\boldsymbol{E})=3$,则 $\mathrm{r}(\boldsymbol{A}-\boldsymbol{E})=$____________.

7. 已知 $\boldsymbol{\xi}_1=(1,2,3)^{\mathrm{T}}$,$\boldsymbol{\xi}_2=(2,1,0)^{\mathrm{T}}$ 是线性方程组 $\boldsymbol{A}\boldsymbol{x}=\boldsymbol{b}$ 的解,其中 $\boldsymbol{b}\neq\boldsymbol{0}$,而且 $\boldsymbol{A}\boldsymbol{x}=\boldsymbol{b}$ 的任意 3 个解向量都线性相关,则 $\boldsymbol{A}$ 的秩 $\mathrm{r}(\boldsymbol{A})=$____________.

8. 设三阶方阵 $\boldsymbol{A}$ 的每一行的 3 个元素之和均为 0,$\boldsymbol{A}$ 的伴随矩阵 $\boldsymbol{A}^*$ 非零,则 $\boldsymbol{A}$ 的一个对应于特征值 0 的特征向量为____________.

9. 已知 $\boldsymbol{A}$ 为 n 阶实对称矩阵,$\boldsymbol{\alpha},\boldsymbol{\beta}$ 均为实的 n 维列向量. 若 $\boldsymbol{A}\boldsymbol{\alpha}=2\boldsymbol{\alpha}$,$\boldsymbol{A}\boldsymbol{\beta}=3\boldsymbol{\beta}$,则 $\boldsymbol{\alpha}^{\mathrm{T}}\boldsymbol{\beta}=$____________.

10. 已知 $\boldsymbol{A}$ 为 2×3 的实矩阵,$\boldsymbol{E}$ 为三阶单位矩阵,$\boldsymbol{x}=(x_1,x_2,x_3)^{\mathrm{T}}$,则当实数 t 满足____________时,二次型 $f(x_1,x_2,x_3)=\boldsymbol{x}^{\mathrm{T}}(t\boldsymbol{E}+\boldsymbol{A}^{\mathrm{T}}\boldsymbol{A})\boldsymbol{x}$ 是正定的.

二、计算题(本大题共 5 小题,共计 58 分)

1. (10 分)已知 $\boldsymbol{A}=\begin{bmatrix}1&0&0\\0&0&2\\0&3&0\end{bmatrix}$,$\boldsymbol{B}=\begin{bmatrix}0&1&0\\2&0&4\\0&3&0\end{bmatrix}$,$\boldsymbol{A}\boldsymbol{X}+\boldsymbol{B}=2\boldsymbol{X}$,求 $\boldsymbol{X}$.

2. (12 分)已知向量组 $\boldsymbol{\alpha}_1=\begin{bmatrix}1\\2\\3\end{bmatrix},\boldsymbol{\alpha}_2=\begin{bmatrix}1\\0\\1\end{bmatrix},\boldsymbol{\alpha}_3=\begin{bmatrix}0\\2\\a\end{bmatrix}$ 线性相关.

(1) 求 a 的值;

(2) 求 $\boldsymbol{\alpha}_1,\boldsymbol{\alpha}_2,\boldsymbol{\alpha}_3$ 的一个极大无关组,并把其余的向量表示成这个极大无关组的线性组合.

3. (12 分)已知 $\boldsymbol{A}=(\boldsymbol{\alpha}_1,\boldsymbol{\alpha}_2,\boldsymbol{\alpha}_3)$,其中 $\boldsymbol{\alpha}_1=\begin{bmatrix}1\\1\\1\end{bmatrix},\boldsymbol{\alpha}_2=\begin{bmatrix}0\\1\\-1\end{bmatrix},\boldsymbol{\alpha}_3=\begin{bmatrix}0\\0\\1\end{bmatrix}$.

(1) 用施密特正交化方法求一个与 $\boldsymbol{\alpha}_1,\boldsymbol{\alpha}_2,\boldsymbol{\alpha}_3$ 等价的标准正交向量组;

(2) 求矩阵 $\boldsymbol{Q}$ 和 $\boldsymbol{T}$,使得 $\boldsymbol{A}=\boldsymbol{QT}$,其中 $\boldsymbol{Q}$ 为正交矩阵,$\boldsymbol{T}$ 的主对角线元素全为正数,且 $\boldsymbol{T}$ 的主对角线下方的元素全为 0.

4. (12 分)已知三阶方阵 $\boldsymbol{A}$ 和三维列向量 $\boldsymbol{\xi}$ 满足 $\boldsymbol{A}^2\boldsymbol{\xi}\neq\mathbf{0},\boldsymbol{A}^3\boldsymbol{\xi}=\mathbf{0}$.

(1) 问 $\boldsymbol{\xi},\boldsymbol{A}\boldsymbol{\xi},\boldsymbol{A}^2\boldsymbol{\xi}$ 是否线性无关？请说明理由.

(2) 是否存在可逆矩阵 $\boldsymbol{C}$ 使得 $\boldsymbol{C}^{-1}\boldsymbol{A}\boldsymbol{C}$ 为对角矩阵？请说明理由.

5. (12 分)设 $\boldsymbol{A}$ 为三阶实对称矩阵,$\boldsymbol{\xi}_1=\begin{bmatrix}1\\1\\1\end{bmatrix},\boldsymbol{\xi}_2=\begin{bmatrix}-1\\0\\1\end{bmatrix}$是 $\boldsymbol{A}$ 的对应于特征值 1 的特征向量,而且 $\boldsymbol{A}$ 不可逆,求 $\boldsymbol{A}$.

三、证明题(本大题共 2 小题,每小题 6 分,共计 12 分)

1. 已知矩阵 $\boldsymbol{A}=\begin{bmatrix}\boldsymbol{\alpha}_1\\ \vdots\\ \boldsymbol{\alpha}_s\end{bmatrix}$,$\boldsymbol{B}=\begin{bmatrix}\boldsymbol{\beta}_1\\ \vdots\\ \boldsymbol{\beta}_t\end{bmatrix}$,其中 $\boldsymbol{\alpha}_1,\cdots,\boldsymbol{\alpha}_s$ 和 $\boldsymbol{\beta}_1,\cdots,\boldsymbol{\beta}_t$ 均为非零的 n 维行向量,证明:齐次线性方程组 $\boldsymbol{Ax}=\boldsymbol{0}$ 的解都是 $\boldsymbol{Bx}=\boldsymbol{0}$ 的解当且仅当向量组 $\boldsymbol{\beta}_1,\cdots,\boldsymbol{\beta}_t$ 能由向量组 $\boldsymbol{\alpha}_1,\cdots,\boldsymbol{\alpha}_s$ 线性表示.

2. 已知 $\boldsymbol{A},\boldsymbol{B}$ 都是 n 阶正定矩阵,证明:$\boldsymbol{AB}$ 与对角矩阵相似,而且 $\boldsymbol{AB}$ 的特征值全为正数.

期末试题二

一、**填空题**(本大题共 9 小题,每空 3 分,共计 30 分)

1. 设二阶方阵 $\boldsymbol{A}=(\boldsymbol{\alpha}_1,\boldsymbol{\alpha}_2)$,$\boldsymbol{B}=(2\boldsymbol{\alpha}_1-\boldsymbol{\alpha}_2,\boldsymbol{\alpha}_1+\boldsymbol{\alpha}_2)$,如果 $\boldsymbol{A}$ 的行列式 $|\boldsymbol{A}|=2$,则行列式 $|2\boldsymbol{B}\boldsymbol{A}^{-1}|=$____________.
2. 设 $\boldsymbol{\alpha},\boldsymbol{\beta},\boldsymbol{\gamma}$ 为一个标准正交向量组,则向量 $\boldsymbol{\alpha}-2\boldsymbol{\beta}+2\boldsymbol{\gamma}$ 的长度 $\|\boldsymbol{\alpha}-2\boldsymbol{\beta}+2\boldsymbol{\gamma}\|=$________.
3. 设向量空间 $V=\{k_1\boldsymbol{\alpha}+k_2\boldsymbol{\beta}+k_3\boldsymbol{\gamma}\,|\,k_1,k_2,k_3$ 为任意实数$\}$,其中向量 $\boldsymbol{\alpha}=(1,0,-1)^{\mathrm{T}}$,$\boldsymbol{\beta}=(0,2,4)^{\mathrm{T}}$,$\boldsymbol{\gamma}=(a,-6,5)^{\mathrm{T}}$.若 V 的维数等于 2,则 $a=$____________.
4. 设 $\boldsymbol{\alpha}_1,\boldsymbol{\alpha}_2$ 是向量空间 V 的一组基,V 中的向量 $\boldsymbol{\beta}_1$ 和 $\boldsymbol{\beta}_2$ 在这组基下的坐标依次为 $\begin{bmatrix}1\\1\end{bmatrix}$和$\begin{bmatrix}2\\1\end{bmatrix}$,则从基 $\boldsymbol{\beta}_1,\boldsymbol{\beta}_2$ 到 $\boldsymbol{\alpha}_1,\boldsymbol{\alpha}_2$ 的过渡矩阵为____________.
5. 已知线性方程组 $\boldsymbol{A}\boldsymbol{x}=\boldsymbol{b}$ 的增广矩阵$(\boldsymbol{A},\boldsymbol{b})$为行最简形矩阵,其行数等于 2,$\boldsymbol{A}\boldsymbol{x}=\boldsymbol{b}$ 的通解为 $k\boldsymbol{\xi}+\boldsymbol{\eta}$,其中 $\boldsymbol{\xi}=(1,1,1)^{\mathrm{T}}$,$\boldsymbol{\eta}=(1,2,3)^{\mathrm{T}}$,$k$ 为任意数,则$(\boldsymbol{A},\boldsymbol{b})=$________.
6. 矩阵 $\boldsymbol{A}=\begin{bmatrix}3&0&1\\0&3&2\\0&0&3\end{bmatrix}$的 Jordan 标准形为____________.
7. 下列矩阵中,____________与$\begin{bmatrix}1&1\\1&1\end{bmatrix}$相似但不合同.

$$\boldsymbol{A}=\begin{bmatrix}2&2\\2&2\end{bmatrix},\quad \boldsymbol{B}=\begin{bmatrix}2&0\\0&0\end{bmatrix},\quad \boldsymbol{C}=\begin{bmatrix}2&2\\0&0\end{bmatrix},\quad \boldsymbol{D}=\begin{bmatrix}1&0\\0&1\end{bmatrix}.$$

8. 设 $\boldsymbol{A}=\begin{bmatrix}\boldsymbol{O}&\boldsymbol{E}\\\boldsymbol{E}&\boldsymbol{E}\end{bmatrix}$,其中 $\boldsymbol{O}$ 为二阶零矩阵,$\boldsymbol{E}$ 为二阶单位矩阵,则 $|\boldsymbol{A}|=$____________,$\boldsymbol{A}$ 的伴随矩阵 $\boldsymbol{A}^*=$____________.
9. 设二阶方阵 $\boldsymbol{A}$ 的特征多项式 $|\lambda\boldsymbol{E}-\boldsymbol{A}|=(\lambda-1)(\lambda-2)$,多项式 $f(\lambda)=\lambda^3-3\lambda^2+2\lambda+3$,则 $f(\boldsymbol{A})=$____________.

二、**计算题**(本大题共 5 小题,共计 58 分)

1. (10 分)设矩阵 $\boldsymbol{A}=\begin{bmatrix}0&0&2\\0&0&2\\1&0&a\end{bmatrix}$,$\boldsymbol{B}=\begin{bmatrix}4&0\\-2&8\\2&b\end{bmatrix}$.

(1) 参数 a,b 满足什么条件时,不存在矩阵 $\boldsymbol{X}$ 使得 $\boldsymbol{A}\boldsymbol{X}=\boldsymbol{B}-2\boldsymbol{X}$?

(2) 参数 a,b 满足什么条件时,存在无穷多个矩阵 $\boldsymbol{X}$ 使得 $\boldsymbol{A}\boldsymbol{X}=\boldsymbol{B}-2\boldsymbol{X}$? 此时求出所有满足 $\boldsymbol{A}\boldsymbol{X}=\boldsymbol{B}-2\boldsymbol{X}$ 的矩阵 $\boldsymbol{X}$.

2. (10 分)若列向量组 $\boldsymbol{\alpha}_1,\boldsymbol{\alpha}_2,\boldsymbol{\alpha}_3$ 线性无关,$\boldsymbol{\beta}_1=\boldsymbol{\alpha}_1+\boldsymbol{\alpha}_2+2\boldsymbol{\alpha}_3$,$\boldsymbol{\beta}_2=\boldsymbol{\alpha}_2-\boldsymbol{\alpha}_3$,$\boldsymbol{\beta}_3=2\boldsymbol{\alpha}_1+k\boldsymbol{\alpha}_3$ 线性相关,求参数 k 的值以及 $\boldsymbol{\beta}_1,\boldsymbol{\beta}_2,\boldsymbol{\beta}_3$ 的一个极大无关组.

3. (10 分)线性方程组 $\begin{cases} x_1+x_2=1, \\ x_1-x_2=0, \\ 2x_1+x_2=1 \end{cases}$ 是否有解?如果有解,求出它的解;如果无解,求出它的最小二乘解.

4. (15分)已知矩阵$\boldsymbol{A}=\begin{bmatrix} a & a & 0 \\ a & a & 0 \\ -1 & b & 2 \end{bmatrix}$与$\boldsymbol{B}=\begin{bmatrix} 0 & 0 & 0 \\ 0 & 2 & 0 \\ 0 & 0 & 2 \end{bmatrix}$满足

$$\mathrm{tr}(\boldsymbol{A})=\mathrm{tr}(\boldsymbol{B}) \quad 且 \quad \mathrm{r}(2\boldsymbol{E}-\boldsymbol{A})=\mathrm{r}(2\boldsymbol{E}-\boldsymbol{B}).$$

(1) 求a,b的值.

(2) $\boldsymbol{A}$与$\boldsymbol{B}$是否相似？若相似,求可逆矩阵$\boldsymbol{P}$使得$\boldsymbol{P}^{-1}\boldsymbol{A}\boldsymbol{P}=\boldsymbol{B}$;若不相似,请说明理由.

5. (13分)已知实二次型$f(x_1,x_2,x_3)=4x_1^2+x_2^2+4x_3^2+2ax_1x_2+8x_1x_3+4x_2x_3$经过一个可逆线性变换$(x_1,x_2,x_3)^{\mathrm{T}}=\boldsymbol{P}(y_1,y_2,y_3)^{\mathrm{T}}$化为标准形$g(y_1,y_2,y_3)=y_1^2$.

(1) 求出二次型$f(x_1,x_2,x_3)$的矩阵$\boldsymbol{A}$,并求$\boldsymbol{P}^{\mathrm{T}}\boldsymbol{A}\boldsymbol{P}$,$\mathrm{r}(\boldsymbol{P}^{\mathrm{T}}\boldsymbol{A}\boldsymbol{P})$,$\mathrm{r}(\boldsymbol{A})$和$a$的值;

(2) 求一个正交变换

$$(x_1,x_2,x_3)^{\mathrm{T}}=\boldsymbol{Q}(z_1,z_2,z_3)^{\mathrm{T}},$$

把$f(x_1,x_2,x_3)$化为标准形$h(z_1,z_2,z_3)$.

三、证明题(本大题共 2 小题,每小题 6 分,共计 12 分)

1. 已知实矩阵 $\boldsymbol{A}=\begin{bmatrix}\boldsymbol{\alpha}_1\\ \boldsymbol{\alpha}_2\\ \vdots\\ \boldsymbol{\alpha}_m\end{bmatrix}$ 的秩等于 m,其中 $\boldsymbol{\alpha}_1,\boldsymbol{\alpha}_2,\cdots,\boldsymbol{\alpha}_m$ 为 n 维行向量,$\boldsymbol{\xi}_1,\boldsymbol{\xi}_2,\cdots,\boldsymbol{\xi}_s$ 为齐次线性方程组 $\boldsymbol{Ax}=\boldsymbol{0}$ 的解空间的一组标准正交基,证明:$\boldsymbol{\alpha}_1^{\mathrm{T}},\boldsymbol{\alpha}_2^{\mathrm{T}},\cdots,\boldsymbol{\alpha}_m^{\mathrm{T}},\boldsymbol{\xi}_1,\boldsymbol{\xi}_2,\cdots,\boldsymbol{\xi}_s$ 线性无关.

2. 设实向量 $\boldsymbol{\alpha}=(a_1,a_2,\cdots,a_n)^{\mathrm{T}}$,$\boldsymbol{\beta}=(b_1,b_2,\cdots,b_n)^{\mathrm{T}}$ 均非零,而且 $\boldsymbol{A}=\boldsymbol{\alpha\beta}^{\mathrm{T}}$ 是对称矩阵.

(1) 证明:$\boldsymbol{\alpha},\boldsymbol{\beta}$ 都是 $\boldsymbol{A}$ 的特征向量;

(2) 设 $\boldsymbol{E}$ 为 n 阶单位矩阵,证明:$\boldsymbol{A}+\boldsymbol{E}$ 为正定矩阵当且仅当 $\boldsymbol{\alpha}$ 与 $\boldsymbol{\beta}$ 的内积 $\langle\boldsymbol{\alpha},\boldsymbol{\beta}\rangle$ 大于 -1.

期末试题三

一、填空题（本大题共 10 小题，每空 3 分，共计 30 分）

1. 设矩阵 $\boldsymbol{A}=\begin{bmatrix}1&0&0\\0&1&0\\0&-1&1\end{bmatrix}$，$\boldsymbol{B}=\begin{bmatrix}0&1&0\\1&0&0\\0&0&1\end{bmatrix}$，则 $\boldsymbol{A}^2\boldsymbol{B}^3=$____________.

2. 设三阶方阵 $\boldsymbol{A}$ 的行列式 $|\boldsymbol{A}|=2$，$\boldsymbol{A}^*$ 为 $\boldsymbol{A}$ 的伴随矩阵，则 $\begin{vmatrix}\boldsymbol{A}^{-1}&\boldsymbol{A}^*\\-\boldsymbol{A}&\boldsymbol{O}\end{vmatrix}=$__________.

3. 设 $\boldsymbol{\alpha},\boldsymbol{\beta},\boldsymbol{\gamma}$ 均为 n 维列向量，若存在唯一的数组 (k,l) 使得 $\boldsymbol{\gamma}=k\boldsymbol{\alpha}+l\boldsymbol{\beta}$，则向量组 $\boldsymbol{\alpha},2\boldsymbol{\beta},\boldsymbol{\alpha}+\boldsymbol{\gamma}$ 的秩 $\mathrm{r}\{\boldsymbol{\alpha},2\boldsymbol{\beta},\boldsymbol{\alpha}+\boldsymbol{\gamma}\}=$____________.

4. 向量空间 $\{(x,y,z)^{\mathrm{T}}\in\mathbf{R}^3\,|\,2022x+6y+28z=0\}$ 的维数是____________.

5. 设矩阵 $\boldsymbol{A},\boldsymbol{P}$ 满足 $\boldsymbol{P}^{-1}\boldsymbol{A}\boldsymbol{P}=\begin{bmatrix}-1&0\\0&1\end{bmatrix}$，矩阵 $\boldsymbol{B}=\boldsymbol{A}^3-3\boldsymbol{A}+2\boldsymbol{E}$，则 $\boldsymbol{P}^{-1}\boldsymbol{B}\boldsymbol{P}=$________.

6. 设 $\boldsymbol{Q}$ 是 n 阶正交矩阵，$\boldsymbol{\alpha},\boldsymbol{\beta}$ 是 $\mathbf{R}^n$ 中两个相互正交的单位列向量，若 $\boldsymbol{\gamma}=\boldsymbol{Q}(3\boldsymbol{\alpha}-4\boldsymbol{\beta})$，则 $\boldsymbol{\gamma}$ 的长度等于____________.

7. 设 $\boldsymbol{A}=\begin{bmatrix}1&2\\0&-1\\1&1\end{bmatrix}$，$\boldsymbol{b}=\begin{bmatrix}1\\0\\0\end{bmatrix}$，则 $\boldsymbol{A}\boldsymbol{x}=\boldsymbol{b}$ 的最小二乘解为____________.

8. 设 $\boldsymbol{A}=\begin{bmatrix}1&b\\0&a\end{bmatrix}$ 不与对角矩阵相似，则 $\boldsymbol{A}$ 的 Jordan 标准形为____________.

9. 已知 $\boldsymbol{A}=\begin{bmatrix}1&2\\2&3\end{bmatrix}$，若 $\boldsymbol{A}^{-1}=a\boldsymbol{A}+b\boldsymbol{E}$，则 $(a,b)=$____________.

10. 对于两个 n 阶实矩阵 $\boldsymbol{A},\boldsymbol{B}$，下列叙述中正确的是____________.

① 若矩阵 $\boldsymbol{A}$ 与 $\boldsymbol{B}$ 等价，则 $\boldsymbol{A}$ 的列向量组一定与 $\boldsymbol{B}$ 的列向量组等价.

② 若 $\boldsymbol{A}\boldsymbol{B}=\boldsymbol{O}$，则一定有 $\boldsymbol{A}=\boldsymbol{O}$ 或 $\boldsymbol{B}=\boldsymbol{O}$.

③ 若 $\boldsymbol{A}$ 不可逆，则 0 一定是 $\boldsymbol{A}\boldsymbol{B}$ 的特征值.

④ 若 $\boldsymbol{A}^{\mathrm{T}}\boldsymbol{A}$ 与 $\boldsymbol{B}^{\mathrm{T}}\boldsymbol{B}$ 合同，则 $\boldsymbol{A}^{\mathrm{T}}\boldsymbol{A}$ 一定与 $\boldsymbol{B}^{\mathrm{T}}\boldsymbol{B}$ 相似.

二、计算题（本大题共 5 小题，共计 59 分）

1. （6 分）计算行列式 $D=\begin{vmatrix}4&1&2&3\\3&4&1&2\\2&3&4&1\\1&2&3&4\end{vmatrix}$ 的值.

2. (10 分)已知矩阵 $\boldsymbol{A}=\begin{bmatrix}1 & 1 & 0\\0 & 0 & 1\\0 & 1 & -1\end{bmatrix}$,$\boldsymbol{B}=\begin{bmatrix}2 & 1\\1 & 2\\0 & 1\end{bmatrix}$,求满足 $\boldsymbol{AX}=\boldsymbol{B}-\boldsymbol{X}$ 的矩阵 $\boldsymbol{X}$.

3. (12 分)已知向量空间 $V=\{k_1\boldsymbol{\alpha}_1+k_2\boldsymbol{\alpha}_2+k_3\boldsymbol{\alpha}_3 \mid k_1,k_2,k_3\in\mathbf{R}\}$,$\boldsymbol{\alpha}_1$,$\boldsymbol{\alpha}_2$ 是 V 的一组基,其中 $\boldsymbol{\alpha}_1=\begin{bmatrix}1\\1\\0\end{bmatrix}$,$\boldsymbol{\alpha}_2=\begin{bmatrix}0\\1\\-1\end{bmatrix}$,$\boldsymbol{\alpha}_3=\begin{bmatrix}1\\a\\-2\end{bmatrix}$,求 a 的值及 $\boldsymbol{\alpha}_3$ 在 V 的基 $\boldsymbol{\alpha}_1$,$\boldsymbol{\alpha}_2$ 下的坐标.

4. (15 分)设$\boldsymbol{A}=\begin{bmatrix}4 & 0 & -4\\ 2 & 1 & a\\ 0 & 2 & -2\end{bmatrix}$,$\boldsymbol{b}=\begin{bmatrix}8\\ 0\\ t\end{bmatrix}$,$\boldsymbol{x}=\begin{bmatrix}x_1\\ x_2\\ x_3\end{bmatrix}$. 问:参数 a,t 取何值时,方程组 $\boldsymbol{Ax}=\boldsymbol{b}$ 无解? 参数 a,t 取何值时,方程组 $\boldsymbol{Ax}=\boldsymbol{b}$ 有唯一解? 参数 a,t 取何值时,方程组 $\boldsymbol{Ax}=\boldsymbol{b}$ 有无穷多解? 当 $\boldsymbol{Ax}=\boldsymbol{b}$ 有无穷多解时,求其通解(要求写成向量的形式).

5. (16 分)已知二次型 $f(x_1,x_2,x_3)=\boldsymbol{x}^{\mathrm{T}}\boldsymbol{Ax}$,其中

$$\boldsymbol{x}=\begin{bmatrix}x_1\\ x_2\\ x_3\end{bmatrix},\quad \boldsymbol{A}=\begin{bmatrix}a & 1 & -1\\ 1 & a & 1\\ -1 & 1 & a\end{bmatrix},$$

且 $f(x_1,x_2,x_3)$经过一个正交变换 $\boldsymbol{x}=\boldsymbol{Qy}$ 变成标准形 $g(y_1,y_2,y_3)=y_1^2+y_2^2-2y_3^2$.

(1) 求参数 a 的值,并求正交矩阵 $\boldsymbol{Q}$ 使得 $f(x_1,x_2,x_3)$经过正交变换 $\boldsymbol{x}=\boldsymbol{Qy}$ 变成上述标准形 $g(y_1,y_2,y_3)$.

(2) 设 $\boldsymbol{B}=t\boldsymbol{E}+\boldsymbol{A}$,问 t 满足什么条件时 $\boldsymbol{B}$ 为正定矩阵?

(3) 设 $\boldsymbol{C}=\begin{bmatrix}1 & 1 & 1\\ 0 & c & d\\ 0 & 0 & 1\end{bmatrix}$,问 c,d 取何值时,$\boldsymbol{A}$ 与 $\boldsymbol{C}$ 相似? 此时是否存在正交矩阵 $\boldsymbol{P}$ 使得 $\boldsymbol{P}^{\mathrm{T}}\boldsymbol{AP}=\boldsymbol{C}$? 若存在,请写出一个这样的正交矩阵 $\boldsymbol{P}$;若不存在,请说明理由.

三、证明题（本大题共 2 小题，每小题 5 分，共计 10 分）

1. 设 $\boldsymbol{\alpha},\boldsymbol{\beta},\boldsymbol{\gamma}$ 均为实向量，$\boldsymbol{A}$ 为 $m\times n$ 的实矩阵，其中 $\boldsymbol{\alpha},\boldsymbol{\beta}$ 都是线性方程组 $\boldsymbol{Ax}=\boldsymbol{0}$ 的非零解，且 $\boldsymbol{\alpha}^{\mathrm{T}}\boldsymbol{\beta}=0$，证明：若 $\boldsymbol{A\gamma}\neq\boldsymbol{0}$，则 $\boldsymbol{\alpha},\boldsymbol{\beta},\boldsymbol{\gamma}$ 线性无关.

2. 设矩阵 $\boldsymbol{A},\boldsymbol{B},\boldsymbol{C}$ 的乘积 $\boldsymbol{ABC}$ 有意义，证明：$\mathrm{r}(\boldsymbol{ABC})\geqslant\mathrm{r}(\boldsymbol{AB})+\mathrm{r}(\boldsymbol{BC})-\mathrm{r}(\boldsymbol{B})$.

四、应用题（1 分）

在一个由四位同学组成的微信群中，设他们的编号依次为 1，2，3，4. 用矩阵 $\boldsymbol{A}=(a_{ij})_{4\times4}$ 表示他们之间的微信好友情况：如果第 i 号同学与第 j 号同学是微信好友，则 $a_{ij}=1$，否则 $a_{ij}=0$；同时规定每个人与其自身不算微信好友，因而 $a_{11}=a_{22}=a_{33}=a_{44}=0$. 若

$$\boldsymbol{A}^2=\begin{bmatrix}2&1&1&1\\1&3&1&0\\1&1&2&1\\1&0&1&1\end{bmatrix},$$

则下列叙述中正确的是________________.

① 第 1 号同学与第 4 号同学一定是微信好友.

② 第 2 号同学与第 3 号同学一定是微信好友.

③ 第 2 号同学与第 4 号同学有且仅有 1 个共同的微信好友.

④ 第 1 号同学与第 3 号同学有且仅有 2 个共同的微信好友.

微信群中的
邻接矩阵

期末试题四

一、填空题(本大题共 10 小题,每空 3 分,共计 30 分)

1. 设 $\boldsymbol{A}=\begin{bmatrix}1 & 2\\3 & 4\end{bmatrix}$,$\boldsymbol{x}=(x_1,x_2)$,则 $\boldsymbol{xAx}^{\mathrm{T}}=$________.

2. 向量组 $\begin{bmatrix}1\\2\\0\end{bmatrix},\begin{bmatrix}3\\4\\0\end{bmatrix},\begin{bmatrix}5\\6\\0\end{bmatrix}$ 线性________关.

3. 若矩阵 $\begin{bmatrix}x & b\\a & x+2\end{bmatrix}$ 为正交矩阵,则 a,b,x 满足________.

4. 向量空间 $V=\{(x,y,z)\in\mathbf{R}^3 \mid y-2z=0\}$ 的一组基为________.

5. 已知非齐次线性方程组 $\boldsymbol{A}_{3\times 4}\boldsymbol{x}=\boldsymbol{b}$ 存在 4 个线性无关的解向量,则 $\mathrm{r}(\boldsymbol{A})$ 的取值为________.

6. 如果三阶矩阵 $\boldsymbol{A}$ 满足 $\boldsymbol{E}+\boldsymbol{A},\boldsymbol{E}-\boldsymbol{A},\boldsymbol{E}+2\boldsymbol{A}$ 不可逆,$\boldsymbol{A}^*$ 为 $\boldsymbol{A}$ 的伴随矩阵,则行列式 $|2\boldsymbol{A}^*|=$________.

7. 若 $\boldsymbol{A}=\begin{bmatrix}1 & a\\0 & 2\end{bmatrix}$ 与 $\boldsymbol{B}=\begin{bmatrix}2 & 0\\3 & b\end{bmatrix}$ 相似,则 a,b 满足________.

8. 设 $\boldsymbol{A}=\begin{bmatrix}0 & 1\\1 & 0\end{bmatrix}$,以下矩阵中与 $\boldsymbol{A}$ 合同的矩阵是________.

$$\boldsymbol{B}=\begin{bmatrix}0 & 1\\0 & 0\end{bmatrix},\quad \boldsymbol{C}=\begin{bmatrix}-1 & 0\\0 & 1\end{bmatrix},\quad \boldsymbol{D}=\begin{bmatrix}1 & 3\\3 & 2\end{bmatrix},\quad \boldsymbol{E}=\begin{bmatrix}1 & 0\\0 & 1\end{bmatrix}.$$

9. 已知 2×3 矩阵 $\boldsymbol{A}$ 经交换第 1 列与第 2 列的初等变换得 $\boldsymbol{B}$,若 $\mathrm{r}(\boldsymbol{A})=1$,则 $\mathrm{r}(\boldsymbol{A}+2\boldsymbol{B})=$________.

10. 设 $\boldsymbol{P}^{\mathrm{T}}\boldsymbol{AP}=\begin{bmatrix}1 & 0\\0 & 0\end{bmatrix}$,其中 $\boldsymbol{P}=(\boldsymbol{\alpha},\boldsymbol{\beta})$,若 $\boldsymbol{Q}=(\boldsymbol{\alpha}+\boldsymbol{\beta},2\boldsymbol{\alpha})$,则 $\boldsymbol{Q}^{\mathrm{T}}\boldsymbol{AQ}=$________.

二、计算题(本大题共 5 小题,共计 62 分)

1. (10 分)计算行列式 $D=\begin{vmatrix}0 & 0 & 2 & x\\0 & 0 & y & x\\x & 3 & 0 & 0\\1 & y & 0 & 0\end{vmatrix}$.

2. (14 分)已知线性方程组$\begin{cases} x_1+x_2+x_3=3, \\ ax_1+x_2+x_3=2. \end{cases}$

(1) 该方程组何时无解?

(2) 该方程组是否一定存在唯一解? 为什么?

(3) 该方程组何时有无穷多解? 并求其通解.

3. (12 分)设矩阵 $\boldsymbol{A}=\begin{bmatrix} 2 & 1 & 0 \\ 1 & 1 & 0 \\ 0 & 0 & 3 \end{bmatrix}$,求矩阵 $\boldsymbol{X}$ 使得 $\boldsymbol{AX}+\boldsymbol{A}=2\boldsymbol{X}$.

4. (12 分)已知矩阵 $\boldsymbol{A}=\begin{bmatrix}1 & a & 0\\ 0 & 1 & b\\ 0 & 0 & 2\end{bmatrix}$ 与 $\boldsymbol{B}=\begin{bmatrix}1 & 0 & 0\\ 0 & 2 & 0\\ 0 & 0 & 1\end{bmatrix}$ 相似.

(1) 确定 a,b 的取值范围;

(2) 求一可逆阵 $\boldsymbol{P}$,使得 $\boldsymbol{P}^{-1}\boldsymbol{AP}=\boldsymbol{B}$.

5. (14 分)已知二次型 $f(x_1,x_2,x_3)=x_2x_3$.

(1) 写出该二次型所对应的对称矩阵;

(2) 请用正交变换法将该二次型化成标准形,并写出正交变换与标准形.

三、证明题(本大题共 2 小题,每小题 4 分,共计 8 分)

1. 设 $\boldsymbol{A}=(\boldsymbol{\alpha}_1,\boldsymbol{\alpha}_2,\boldsymbol{\alpha}_3)$是三阶可逆方阵,证明:线性方程组$(\boldsymbol{\alpha}_1,\boldsymbol{\alpha}_2)\boldsymbol{x}=\boldsymbol{\alpha}_1+\boldsymbol{\alpha}_3$ 无解.

2. 已知矩阵$\boldsymbol{A}_{n\times n}=\boldsymbol{B}_{n\times r}\boldsymbol{C}_{r\times n}$满足 $\mathrm{r}(\boldsymbol{B})=\mathrm{r}(\boldsymbol{C})=\mathrm{r}(\boldsymbol{A})=r\geqslant 1$ 且 $\boldsymbol{A}=\boldsymbol{A}^2$,证明:$\boldsymbol{CB}$ 等于 r 阶单位矩阵$\boldsymbol{E}_r$.

期末试题五

一、填空题（本大题共 10 小题，每空 3 分，共计 30 分）

1. 设 $\boldsymbol{A}$ 为三阶矩阵，且行列式 $|\boldsymbol{A}|=\dfrac{1}{2}$，$\boldsymbol{A}^*$ 为 $\boldsymbol{A}$ 的伴随矩阵，则 $|(3\boldsymbol{A})^{-1}-2\boldsymbol{A}^*|=$______________.

2. 若任意一个二维列向量都可以由向量组 $\begin{bmatrix}1\\a\end{bmatrix}$，$\begin{bmatrix}0\\b\end{bmatrix}$ 线性表示，则 a,b 的取值范围是______________.

3. 设实向量 $\boldsymbol{\alpha},\boldsymbol{\beta}$ 的长度 $\|\boldsymbol{\alpha}\|=2$，$\|\boldsymbol{\beta}\|=3$，则内积 $\langle\boldsymbol{\alpha}+\boldsymbol{\beta},\boldsymbol{\alpha}-\boldsymbol{\beta}\rangle=$______________.

4. 设三阶方阵 $\boldsymbol{B}\neq\boldsymbol{O}$，且 $\boldsymbol{B}$ 的每一列都是方程组 $\begin{cases}x_1+2x_2-2x_3=0,\\2x_1-x_2+\lambda x_3=0,\\3x_1+x_2-x_3=0\end{cases}$ 的解，则 $\lambda=$________.

5. 已知矩阵 $\boldsymbol{A}=\begin{bmatrix}-2&0&0\\2&a&2\\3&1&1\end{bmatrix}$ 与 $\boldsymbol{B}=\begin{bmatrix}-1&0&0\\0&2&0\\0&0&b\end{bmatrix}$ 相似，则 $(a,b)=$______________.

6. 设矩阵 $\boldsymbol{A}=\begin{bmatrix}1&2\\3&2\end{bmatrix}$ 的逆矩阵 $\boldsymbol{A}^{-1}$ 有特征向量 $\begin{bmatrix}1\\k\end{bmatrix}$，则 $k=$______________.

7. 设 $\boldsymbol{A}$ 是三阶实对称矩阵，向量 $\boldsymbol{\zeta}_1=(1,0,-1)^{\mathrm{T}}$，$\boldsymbol{\zeta}_2=(t,2,1)^{\mathrm{T}}$ 分别是 $\boldsymbol{A}$ 的属于特征值 0 和 1 的特征向量，则 $t=$______________.

8. 如果二次型 $f(x_1,x_2)=x_1^2+2ax_1x_2+ax_2^2$ 可以经可逆线性变换 $\boldsymbol{x}=\boldsymbol{P}\boldsymbol{y}$ 化为二次型 $g(y_1,y_2)=y_1y_2$，则参数 a 的取值范围是______________.

9. 设 $\boldsymbol{\alpha}=(1,1,1)^{\mathrm{T}}$，则二次型 $f(\boldsymbol{x})=\boldsymbol{x}^{\mathrm{T}}\boldsymbol{\alpha}\boldsymbol{\alpha}^{\mathrm{T}}\boldsymbol{x}$ 的规范形为______________.

10. 关于矩阵相似，以下说法中正确的是______________.（可多选）

① n 阶方阵 $\boldsymbol{A}$ 与对角矩阵相似的充要条件是 $\boldsymbol{A}$ 有 n 个互异的特征值.

② n 阶方阵 $\boldsymbol{A}$ 与对角矩阵相似的充要条件是 $\boldsymbol{A}$ 有 n 个线性无关的特征向量.

③ n 阶方阵 $\boldsymbol{A}$ 与对角矩阵相似的充要条件是 $\boldsymbol{A}$ 的最小多项式没有重根.

④ 两个 n 阶方阵相似的充要条件是它们有相同的特征多项式和最小多项式.

二、计算题（本大题共 5 小题，共计 60 分）

1. （10 分）计算行列式 $D=\begin{vmatrix}x+a&b&c&d\\a&x+b&c&d\\a&b&x+c&d\\a&b&c&x+d\end{vmatrix}$.

2. (14 分)设 $\boldsymbol{\alpha}_1,\boldsymbol{\alpha}_2,\boldsymbol{\beta}_1,\boldsymbol{\beta}_2$ 均为三维列向量,且 $\boldsymbol{\alpha}_1,\boldsymbol{\alpha}_2$ 线性无关,$\boldsymbol{\beta}_1,\boldsymbol{\beta}_2$ 线性无关.

(1) 是否存在非零向量 $\boldsymbol{\gamma}$,使得 $\boldsymbol{\gamma}$ 既可由 $\boldsymbol{\alpha}_1,\boldsymbol{\alpha}_2$ 线性表示,又可由 $\boldsymbol{\beta}_1,\boldsymbol{\beta}_2$ 线性表示?

(2) 当 $\boldsymbol{\alpha}_1=\begin{bmatrix}1\\0\\2\end{bmatrix},\boldsymbol{\alpha}_2=\begin{bmatrix}2\\-1\\3\end{bmatrix},\boldsymbol{\beta}_1=\begin{bmatrix}-3\\2\\-5\end{bmatrix},\boldsymbol{\beta}_2=\begin{bmatrix}0\\1\\1\end{bmatrix}$ 时,求出所有的向量 $\boldsymbol{\gamma}$,满足 $\boldsymbol{\gamma}$ 既可由 $\boldsymbol{\alpha}_1,\boldsymbol{\alpha}_2$ 线性表示,又可由 $\boldsymbol{\beta}_1,\boldsymbol{\beta}_2$ 线性表示.

3. (10 分)设矩阵 $\boldsymbol{A}=\begin{bmatrix}1&0&0\\0&1&-1\\0&2&-3\end{bmatrix}$,且 $\boldsymbol{ABA}^{-1}=\boldsymbol{BA}^*+2\boldsymbol{E}$,其中 $\boldsymbol{A}^*$ 为 $\boldsymbol{A}$ 的伴随矩阵,求矩阵 $\boldsymbol{B}$.

4. (14 分)已知矩阵 $\boldsymbol{A}=\begin{bmatrix}1 & 0 & 2\\ 0 & 1 & 1\\ 0 & a & -3\end{bmatrix}$ 有一个二重特征值.

(1) 求参数 a 的值;

(2) 根据参数 a 的取值,求矩阵 $\boldsymbol{A}$ 的 Jordan 标准形,$\boldsymbol{A}$ 的最小多项式及 $\boldsymbol{A}^2$ 的 Jordan 标准形.

5. (12 分)已知二次型 $f(x_1,x_2,x_3)=x_1^2+x_2^2+x_3^2-4x_1x_2-4x_2x_3-4x_1x_3$,请用正交变换法将二次型 f 化为标准形,并写出所用的正交变换.

三、证明题（本大题共 2 小题，每小题 5 分，共计 10 分）

1. 设矩阵 $\boldsymbol{A}$ 满足 $\boldsymbol{A}^2=\boldsymbol{A}$，若 $\boldsymbol{A}\neq\boldsymbol{E}$，证明：$|\boldsymbol{A}|=0$.

2. 设 $\boldsymbol{A},\boldsymbol{B},\boldsymbol{C},\boldsymbol{D}$ 均为二阶方阵，且 $\mathrm{r}\left(\begin{bmatrix}\boldsymbol{A} & \boldsymbol{B}\\ \boldsymbol{C} & \boldsymbol{D}\end{bmatrix}\right)=2$. 证明：$\begin{vmatrix}|\boldsymbol{A}| & |\boldsymbol{B}|\\ |\boldsymbol{C}| & |\boldsymbol{D}|\end{vmatrix}=0$.

期末试题六

一、填空题(本大题共 10 小题,每空 3 分,共计 30 分)

1. 设二阶矩阵 $\boldsymbol{A}=(\boldsymbol{\alpha}_1,\boldsymbol{\beta}),\boldsymbol{B}=(\boldsymbol{\alpha}_2,\boldsymbol{\beta})$,若行列式 $|\boldsymbol{A}|=-2,|\boldsymbol{B}|=2$,则行列式 $|2\boldsymbol{A}-\boldsymbol{B}|=$______________.

2. 设向量 $\boldsymbol{\alpha}_1,\boldsymbol{\alpha}_2,\boldsymbol{\alpha}_3$ 线性无关,若 $\boldsymbol{\alpha}_1+\boldsymbol{\alpha}_2,k\boldsymbol{\alpha}_2-\boldsymbol{\alpha}_3,\boldsymbol{\alpha}_1+\boldsymbol{\alpha}_3$ 线性相关,则 $k=$________.

3. 设 $\boldsymbol{A}=\begin{bmatrix}1&2&1&2\\0&1&a&a\\1&a&0&1\end{bmatrix}$,若 $\boldsymbol{Ax}=\boldsymbol{0}$的基础解系中只含两个向量,则 $a=$__________.

4. 设向量空间 V 的从基 $\boldsymbol{\alpha}_1,\boldsymbol{\alpha}_2$ 到 $\boldsymbol{\beta}_1,\boldsymbol{\beta}_2$ 的过渡矩阵为$\begin{bmatrix}2&3\\1&1\end{bmatrix}$,向量 $\boldsymbol{\eta}$ 在基 $\boldsymbol{\alpha}_1,\boldsymbol{\alpha}_2$ 下的坐标是$(1,-1)^{\mathrm{T}}$,则 $\boldsymbol{\eta}$ 在基 $\boldsymbol{\beta}_1,\boldsymbol{\beta}_2$ 下的坐标是______________.

5. 将二阶矩阵 $\boldsymbol{A}$ 的第二行的 2 倍加到第一行,再将第一行和第二行互换得矩阵 $\boldsymbol{B}$,则满足 $\boldsymbol{B}=\boldsymbol{PA}$ 的矩阵 $\boldsymbol{P}=$______________.

6. 若 n 阶矩阵 $\boldsymbol{A},\boldsymbol{B}$ 满足 $\boldsymbol{AB}=\boldsymbol{A}+\boldsymbol{B}$,则$(\boldsymbol{A}-\boldsymbol{E})^{-1}=$______________.

7. 若 $\boldsymbol{A}=\begin{bmatrix}1&2\\2&x\end{bmatrix}$与 $\boldsymbol{B}=\begin{bmatrix}1&3\\y&4\end{bmatrix}$合同,则参数 x,y 的取值范围是______________.

8. 已知 $\boldsymbol{A},\boldsymbol{P}$ 为二阶矩阵,且 $\boldsymbol{P}=(\boldsymbol{\alpha},\boldsymbol{\beta})$可逆. 若 $\boldsymbol{P}^{-1}\boldsymbol{AP}=\begin{bmatrix}1&0\\0&2\end{bmatrix}$,矩阵 $\boldsymbol{Q}=(2\boldsymbol{\beta},3\boldsymbol{\alpha})$,则 $\boldsymbol{Q}^{-1}\boldsymbol{AQ}=$______________.

9. 线性方程组$\begin{cases}x_1+x_2=1,\\x_1-x_2=2,\\-x_1+2x_2=1\end{cases}$ 的最小二乘解是______________.

10. 矩阵 $\boldsymbol{A}=\begin{bmatrix}2&-1&1\\0&1&2\\0&0&1\end{bmatrix}$的 Jordan 标准形是______________.

二、计算题(本大题共 5 小题,共计 60 分)

1. (10 分)计算 n 阶行列式 $D_n=\begin{vmatrix}3&1&0&\cdots&0\\2&3&1&\ddots&\vdots\\0&\ddots&\ddots&\ddots&0\\\vdots&\ddots&2&3&1\\0&\cdots&0&2&3\end{vmatrix}$.

2. (12 分)已知向量 $\boldsymbol{\beta}_1=\begin{bmatrix}1\\4\\-3\end{bmatrix}$，$\boldsymbol{\beta}_2=\begin{bmatrix}a\\3\\0\end{bmatrix}$ 可以由 $\boldsymbol{\alpha}_1=\begin{bmatrix}1\\2\\1\end{bmatrix}$，$\boldsymbol{\alpha}_2=\begin{bmatrix}1\\3\\-1\end{bmatrix}$，$\boldsymbol{\alpha}_3=\begin{bmatrix}0\\1\\b\end{bmatrix}$ 线性表示，且表达式不唯一，求参数 a,b 的值及 $\boldsymbol{\beta}_1$ 由 $\boldsymbol{\alpha}_1,\boldsymbol{\alpha}_2,\boldsymbol{\alpha}_3$ 线性表示的表达式.

3. (13 分)设 $\boldsymbol{A}=\begin{bmatrix}1&0&1\\0&2&0\\-1&0&1\end{bmatrix}$，求矩阵方程 $\boldsymbol{XA}-\boldsymbol{AXA}=\boldsymbol{E}-\boldsymbol{A}^2$ 的解.

4. (12 分)已知矩阵 $\boldsymbol{A}=\begin{bmatrix} 3 & 2 & -2 \\ -a & -1 & a \\ 4 & 2 & -3 \end{bmatrix}$ 相似于对角阵，求 a，并求可逆矩阵 $\boldsymbol{P}$ 及对角阵 $\boldsymbol{\Lambda}$，使得 $\boldsymbol{P}^{-1}\boldsymbol{A}\boldsymbol{P}=\boldsymbol{\Lambda}$.

5. (13 分)设二次型 $f(x_1,x_2,x_3)=2x_1^2+ax_2^2+2x_3^2+2x_1x_2+2x_1x_3-2x_2x_3$ 的秩为 2，求参数 a 的值，并求一正交变换 $\boldsymbol{x}=\boldsymbol{Q}\boldsymbol{y}$ 把 f 化为标准形，并给出相应的标准形.

三、证明题（本大题共 2 小题，每小题 5 分，共计 10 分）

1. 设 $\boldsymbol{A}$ 为 $s\times n$ 矩阵，证明：$\mathrm{r}(\boldsymbol{A})=n$ 的充分必要条件是存在 $n\times s$ 矩阵 $\boldsymbol{B}$，使得 $\boldsymbol{BA}=\boldsymbol{E}$.

2. 设 $\boldsymbol{A}=(a_{ij})_{n\times n}$是 n 阶正定矩阵，$b_i\neq 0(i=1,2,\cdots,n)$为实数，记 $\boldsymbol{B}=(b_ib_ja_{ij})_{n\times n}$，证明：$\boldsymbol{B}$ 也是正定矩阵.

参考答案

教学周一　矩阵(1)

课后练习

1. $\begin{bmatrix}1 & 5/2\\5/2 & 4\end{bmatrix},\begin{bmatrix}0 & -1/2\\1/2 & 0\end{bmatrix}$. **2.** $\begin{bmatrix}1 & 3\\4 & 10\end{bmatrix},\begin{bmatrix}7 & 3\\10 & 4\end{bmatrix}$. **3.** 0,1. **4.** $x_1^2+2x_2^2-3x_3^2+4x_1x_2+2x_2x_3$.

5. $\boldsymbol{A}^2=\boldsymbol{A}^3=\boldsymbol{A}$. **6.** $\begin{bmatrix}0 & 0 & 0\\0 & 0 & 0\\1 & 0 & 0\end{bmatrix},\boldsymbol{O}$. **7.** $\begin{bmatrix}1 & 2 & -4\\1 & 2 & -4\\1 & 2 & -4\end{bmatrix},-1,\begin{bmatrix}-1 & -2 & 4\\-1 & -2 & 4\\-1 & -2 & 4\end{bmatrix}$. **8.** $\boldsymbol{O}$.

9. 由于 $\boldsymbol{A}$ 是 2×2 矩阵,要使 $\boldsymbol{AB}$ 和 $\boldsymbol{BA}$ 有意义,$\boldsymbol{B}$ 必为 2×2 矩阵.

令 $\boldsymbol{B}=\begin{bmatrix}b_{11} & b_{12}\\b_{21} & b_{22}\end{bmatrix}$,由 $\boldsymbol{AB}=\boldsymbol{BA}$ 可得 $\begin{bmatrix}ab_{11} & ab_{12}\\bb_{21} & bb_{22}\end{bmatrix}=\begin{bmatrix}ab_{11} & bb_{12}\\ab_{21} & bb_{22}\end{bmatrix}$,

故 $ab_{12}=bb_{12}$,$bb_{21}=ab_{21}$,因而 $(a-b)b_{12}=0$,$(a-b)b_{21}=0$.

又因为 $a\neq b$,所以 $a-b\neq0$,故 $b_{12}=b_{21}=0$,可见 $\boldsymbol{B}$ 为二阶对角矩阵.

10. (1) ×; (2) ×; (3) √; (4) ×; (5) ×; (6) √; (7) ×; (8) ×; (9) ×; (10) √.

思考题

不同点:任意两个数都可以相加、相乘,但两个矩阵未必可以相加、相乘;数的乘法满足交换律,但矩阵的乘法一般不满足交换律;两个非零的数的乘积一定非零,但两个非零矩阵的乘积有可能为零矩阵;等等.

相同点:加法的交换律与结合律,乘法的结合律,乘法对加法的分配律,等等.

教学周二　矩阵(2)

课后练习

1. $\begin{bmatrix}1 & 0\\0 & 1\end{bmatrix},\begin{bmatrix}1 & 0 & 0\\0 & 1 & 0\\0 & 0 & 0\end{bmatrix}$. **2.** $\begin{bmatrix}1 & 0 & 0 & 0\\0 & 2 & 0 & 0\\0 & 0 & -3 & 0\\0 & 0 & 0 & 0\end{bmatrix}$. **3.** (1) $\begin{bmatrix}\boldsymbol{C} & \boldsymbol{D}\\\boldsymbol{A} & \boldsymbol{B}\end{bmatrix}$; (2) $\begin{bmatrix}\boldsymbol{B} & \boldsymbol{A}\\\boldsymbol{D} & \boldsymbol{C}\end{bmatrix}$; (3) $\begin{bmatrix}\boldsymbol{E} & \boldsymbol{O}\\\boldsymbol{O} & \boldsymbol{E}\end{bmatrix}$.

4. $\boldsymbol{U}=\begin{bmatrix}1 & 0 & 9\\0 & 1 & 3\end{bmatrix}=\boldsymbol{E}(12(3))\boldsymbol{E}(1,2)\boldsymbol{E}\left(2\left(\frac{1}{2}\right)\right)\boldsymbol{A}$. **5.** $\begin{bmatrix}1 & 0 & 0\\0 & 1 & 0\end{bmatrix}$. **6.** $\begin{bmatrix}1 & 6 & -5\\0 & 1 & -1\end{bmatrix}$.

7. $\begin{bmatrix}1 & 0 & 0\\0 & 1 & 1\\0 & 0 & 0\end{bmatrix}$. **8.** $\begin{bmatrix}1 & 0\\0 & 1\end{bmatrix}$.

9. 设 $\boldsymbol{A}=(a_{ij})_{m\times n}$,则 $\boldsymbol{A}^{\mathrm{T}}\boldsymbol{A}$ 的主对角线上的第 j 个元素为 $a_{1j}^2+a_{2j}^2+\cdots+a_{mj}^2$,故由 $\boldsymbol{A}^{\mathrm{T}}\boldsymbol{A}=\boldsymbol{O}$ 可得

$$a_{1j}^2+a_{2j}^2+\cdots+a_{mj}^2=0,\quad j=1,2,\cdots,n.$$

又因为 $\boldsymbol{A}$ 为实矩阵,所以 $a_{ij}=0,i=1,2,\cdots,m;j=1,2,\cdots,n$. 可见 $\boldsymbol{A}=\boldsymbol{O}$.

10. (1) √; (2) √; (3) ×; (4) √; (5) √; (6) √; (7) √; (8) √; (9) √; (10) √.

思考题

行阶梯形未必唯一,行最简形唯一.

教学周三　矩阵(3)

课后练习

1. $\begin{bmatrix}-1&0&-2\\1&0&1\\0&1/3&0\end{bmatrix}$. **2.** $\begin{bmatrix}1&0\\1&1\\1&2\end{bmatrix}$. **3.** $\begin{bmatrix}-5&-4&-1\\1&0&0\\1&1&0\end{bmatrix}$.

4. $f(\boldsymbol{B})=a_n\boldsymbol{B}^n+\cdots+a_1\boldsymbol{B}+a_0\boldsymbol{E}=a_n(\boldsymbol{P}^{-1}\boldsymbol{AP})^n+\cdots+a_1(\boldsymbol{P}^{-1}\boldsymbol{AP})+a_0(\boldsymbol{P}^{-1}\boldsymbol{EP})$

$=a_n\boldsymbol{P}^{-1}\boldsymbol{A}^n\boldsymbol{P}+\cdots+a_1\boldsymbol{P}^{-1}\boldsymbol{AP}+a_0\boldsymbol{P}^{-1}\boldsymbol{EP}=\boldsymbol{P}^{-1}(a_n\boldsymbol{A}^n+\cdots+a_1\boldsymbol{A}+a_0\boldsymbol{E})\boldsymbol{P}=\boldsymbol{P}^{-1}f(\boldsymbol{A})\boldsymbol{P}$.

5. $\begin{bmatrix}2&0&0\\0&2&0\\0&10&2\end{bmatrix}$. **6.** $\begin{bmatrix}-5+3\times2^{11}&3-3\times2^{10}\\-10+5\times2^{11}&6-5\times2^{10}\end{bmatrix}$. **7.** $\begin{bmatrix}1&1&1\\1&1&0\\1&0&0\end{bmatrix}$. **8.** 27. **9.** 160.

10. (1) √; (2) √; (3) ×; (4) √; (5) √; (6) ×; (7) √; (8) ×; (9) √; (10) √.

思考题

$(\boldsymbol{E}-\boldsymbol{BA})^{-1}=\boldsymbol{E}+\boldsymbol{B}(\boldsymbol{E}-\boldsymbol{AB})^{-1}\boldsymbol{A}$.

教学周四　矩阵(4)

课后练习

1. $(-1)^{\frac{n(n-1)}{2}}a_1a_2\cdots a_n$. **2.** $a^n+(-1)^{n+1}b^n$. **3.** $(n-1)(-1)^{n-1}$. **4.** $n+1$.

5. $x^n+a_1x^{n-1}+\cdots+a_{n-1}x+a_n$. **6.** $\begin{bmatrix}29&55&-19\\5&23&17\\26&2&10\end{bmatrix}$. **7.** $\begin{bmatrix}2&-3&0&0&0\\-1&1&0&0&0\\0&0&-1&1&0\\0&0&0&-1&1\\0&0&0&0&-1\end{bmatrix}$.

8. $-\dfrac{27}{8}$. **9.** $x_1=\dfrac{1}{3},x_2=\dfrac{2}{3},x_3=\dfrac{1}{3}$.

10. (1) √; (2) √; (3) √; (4) √; (5) √; (6) ×; (7) √; (8) ×; (9) √; (10) √.

思考题

先对 $\boldsymbol{A}$ 与 $\boldsymbol{B}$ 均可逆的情形给出证明. 再令 $\boldsymbol{M}=x\boldsymbol{E}+\boldsymbol{A},\boldsymbol{N}=x\boldsymbol{E}+\boldsymbol{B}$,则当 x 充分大时,$\boldsymbol{M},\boldsymbol{N}$ 均为 n 阶可逆矩阵,所以 $|\boldsymbol{M}|\neq0,|\boldsymbol{N}|\neq0$,从而 $\boldsymbol{MN}$ 也可逆. 又由 $\boldsymbol{MM}^*=|\boldsymbol{M}|\boldsymbol{E}$ 得

$$\boldsymbol{M}^*=|\boldsymbol{M}|\boldsymbol{M}^{-1},\tag{1}$$

由 $\boldsymbol{NN}^*=|\boldsymbol{N}|\boldsymbol{E}$ 得 $\boldsymbol{N}^*=|\boldsymbol{N}|\boldsymbol{N}^{-1}$,则用 $\boldsymbol{MN}$ 替换(1)式中的 $\boldsymbol{M}$ 可得

$$(\boldsymbol{MN})^*=|\boldsymbol{MN}|(\boldsymbol{MN})^{-1}=|\boldsymbol{M}|\,|\boldsymbol{N}|(\boldsymbol{N}^{-1}\boldsymbol{M}^{-1})=(|\boldsymbol{N}|\boldsymbol{N}^{-1})(|\boldsymbol{M}|\boldsymbol{M}^{-1})=\boldsymbol{N}^*\boldsymbol{M}^*.$$

注意到 $(\boldsymbol{MN})^*$ 和 $\boldsymbol{N}^*\boldsymbol{M}^*$ 中各元素都是关于 x 的多项式,故由多项式理论可知 $(\boldsymbol{MN})^*=\boldsymbol{N}^*\boldsymbol{M}^*$ 对于任意的 x 均成立. 特别地,取 $x=0$,即得 $(\boldsymbol{AB})^*=\boldsymbol{B}^*\boldsymbol{A}^*$.

教学周五　矩阵(5)

课后练习

1. 3.　**2.** -6.　**3.** 5,1.　**4.** 0.　**5.** 4.　**6.** 1.　**7.** 4.

8. 因为 $0=\mathrm{r}(\boldsymbol{O})=\mathrm{r}(\boldsymbol{ABC})\geqslant\mathrm{r}(\boldsymbol{A})+\mathrm{r}(\boldsymbol{BC})-n\geqslant\mathrm{r}(\boldsymbol{A})+\mathrm{r}(\boldsymbol{B})+\mathrm{r}(\boldsymbol{C})-n-n=\mathrm{r}(\boldsymbol{A})+\mathrm{r}(\boldsymbol{B})+\mathrm{r}(\boldsymbol{C})-2n$,

所以 $\mathrm{r}(\boldsymbol{A})+\mathrm{r}(\boldsymbol{B})+\mathrm{r}(\boldsymbol{C})\leqslant 2n$.

9. $\begin{bmatrix}1&2\\0&1\\1&3\end{bmatrix}$, $\begin{bmatrix}1&0&3\\0&1&-1\end{bmatrix}$.

10. (1) √; (2) √; (3) √; (4) √; (5) √; (6) √; (7) √; (8) √; (9) ×; (10) √.

思考题

存在矩阵 $\boldsymbol{X},\boldsymbol{Y}$ 使得 $\boldsymbol{XA}+\boldsymbol{BY}=\boldsymbol{C}$.

教学周六　n 维向量(1)

课后练习

1. $\begin{bmatrix}1&1&0\\0&1&1\\1&0&1\end{bmatrix}$.　**2.** $\begin{bmatrix}1&0&1\\1&1&0\\0&1&1\end{bmatrix}$.

3. 不妨设 $\boldsymbol{\alpha}_1,\boldsymbol{\alpha}_2,\boldsymbol{\alpha}_3$ 为列向量,$\boldsymbol{\gamma}=k_1\boldsymbol{\alpha}_1+k_2\boldsymbol{\alpha}_2+k_3\boldsymbol{\alpha}_3$,则

$$\boldsymbol{\gamma}=(\boldsymbol{\alpha}_1,\boldsymbol{\alpha}_2,\boldsymbol{\alpha}_3)\begin{bmatrix}k_1\\k_2\\k_3\end{bmatrix},\quad (\boldsymbol{\beta}_1,\boldsymbol{\beta}_2,\boldsymbol{\beta}_3)=(\boldsymbol{\alpha}_1,\boldsymbol{\alpha}_2,\boldsymbol{\alpha}_3)\begin{bmatrix}3&0&1\\1&3&0\\0&1&3\end{bmatrix}.$$

因为 $\boldsymbol{C}=\begin{bmatrix}3&0&1\\1&3&0\\0&1&3\end{bmatrix}$ 为可逆阵,所以 $(\boldsymbol{\alpha}_1,\boldsymbol{\alpha}_2,\boldsymbol{\alpha}_3)=(\boldsymbol{\beta}_1,\boldsymbol{\beta}_2,\boldsymbol{\beta}_3)\boldsymbol{C}^{-1}$. 令 $\begin{bmatrix}l_1\\l_2\\l_3\end{bmatrix}=\boldsymbol{C}^{-1}\begin{bmatrix}k_1\\k_2\\k_3\end{bmatrix}$,则

$$\boldsymbol{\gamma}=(\boldsymbol{\alpha}_1,\boldsymbol{\alpha}_2,\boldsymbol{\alpha}_3)\begin{bmatrix}k_1\\k_2\\k_3\end{bmatrix}=(\boldsymbol{\beta}_1,\boldsymbol{\beta}_2,\boldsymbol{\beta}_3)\boldsymbol{C}^{-1}\begin{bmatrix}k_1\\k_2\\k_3\end{bmatrix}=(\boldsymbol{\beta}_1,\boldsymbol{\beta}_2,\boldsymbol{\beta}_3)\begin{bmatrix}l_1\\l_2\\l_3\end{bmatrix}=l_1\boldsymbol{\beta}_1+l_2\boldsymbol{\beta}_2+l_3\boldsymbol{\beta}_3,$$

可见向量 $\boldsymbol{\gamma}$ 也能由向量组 $\boldsymbol{\beta}_1,\boldsymbol{\beta}_2,\boldsymbol{\beta}_3$ 线性表示.

4. 令 $\boldsymbol{A}=(\boldsymbol{\alpha}_1,\boldsymbol{\alpha}_2,\boldsymbol{\alpha}_3)$,则由 $|\boldsymbol{A}|=1\neq 0$ 可知 $\mathrm{r}(\boldsymbol{A})=3$.

因为 $\boldsymbol{\alpha}_1,\boldsymbol{\alpha}_2,\boldsymbol{\alpha}_3$ 能由 $\boldsymbol{\beta}_1,\boldsymbol{\beta}_2,\boldsymbol{\beta}_3$ 线性表示,所以存在矩阵 $\boldsymbol{C}$ 使

$$\boldsymbol{A}=(\boldsymbol{\alpha}_1,\boldsymbol{\alpha}_2,\boldsymbol{\alpha}_3)=(\boldsymbol{\beta}_1,\boldsymbol{\beta}_2,\boldsymbol{\beta}_3)\boldsymbol{C}.$$

令 $\boldsymbol{B}=(\boldsymbol{\beta}_1,\boldsymbol{\beta}_2,\boldsymbol{\beta}_3)$,则 $\boldsymbol{B}$ 为三阶方阵,而且 $3=\mathrm{r}(\boldsymbol{A})=\mathrm{r}(\boldsymbol{BC})\leqslant\mathrm{r}(\boldsymbol{B})\leqslant 3$,

由此可得 $\mathrm{r}(\boldsymbol{B})=3$,所以 $\boldsymbol{B}$ 也是可逆阵. 对于任意的三维列向量 $\boldsymbol{\gamma}$,令

$$\boldsymbol{B}^{-1}\boldsymbol{\gamma}=\begin{bmatrix}k_1\\k_2\\k_3\end{bmatrix},\quad 则\quad \boldsymbol{\gamma}=\boldsymbol{BB}^{-1}\boldsymbol{\gamma}=\boldsymbol{B}\begin{bmatrix}k_1\\k_2\\k_3\end{bmatrix}=(\boldsymbol{\beta}_1,\boldsymbol{\beta}_2,\boldsymbol{\beta}_3)\begin{bmatrix}k_1\\k_2\\k_3\end{bmatrix}=k_1\boldsymbol{\beta}_1+k_2\boldsymbol{\beta}_2+k_3\boldsymbol{\beta}_3,$$

可见向量 $\boldsymbol{\gamma}$ 能由向量组 $\boldsymbol{\beta}_1,\boldsymbol{\beta}_2,\boldsymbol{\beta}_3$ 线性表示.

5. 令 $\boldsymbol{A}=(\boldsymbol{\alpha}_1,\boldsymbol{\alpha}_2,\boldsymbol{\alpha}_3)$,则 $|\boldsymbol{A}|=a-2$.

(1) 当 $a\neq 2$ 时, $|A|\neq 0$, A 可逆, 于是对于任意的三维列向量 γ, 令 $A^{-1}\gamma=\begin{bmatrix}k_1\\k_2\\k_3\end{bmatrix}$, 则

$$\gamma=AA^{-1}\gamma=A\begin{bmatrix}k_1\\k_2\\k_3\end{bmatrix}=(\alpha_1,\alpha_2,\alpha_3)\begin{bmatrix}k_1\\k_2\\k_3\end{bmatrix}=k_1\alpha_1+k_2\alpha_2+k_3\alpha_3,$$

可见向量 γ 能由向量组 $\alpha_1,\alpha_2,\alpha_3$ 线性表示.

(2) 若任意三维向量 γ 都能由向量组 $\alpha_1,\alpha_2,\alpha_3$ 线性表示,

则 $\begin{bmatrix}1\\0\\0\end{bmatrix},\begin{bmatrix}0\\1\\0\end{bmatrix},\begin{bmatrix}0\\0\\1\end{bmatrix}$ 能由向量组 $\alpha_1,\alpha_2,\alpha_3$ 线性表示, 即存在矩阵 C 使得 $E_3=AC$,

于是 $1=|E_3|=|AC|=|A||C|$, 可见 $|A|\neq 0$, 故 $a\neq 2$.

6. 3.　**7.** -6.　**8.** 5, 1.

9. 不妨设 $\alpha_1,\alpha_2,\alpha_3$ 为列向量, 则 $(\beta_1,\beta_2,\beta_3)=(\alpha_1,\alpha_2,\alpha_3)\begin{bmatrix}1&0&1\\1&1&0\\0&1&1\end{bmatrix}$.

因为 $\begin{bmatrix}1&0&1\\1&1&0\\0&1&1\end{bmatrix}$ 为可逆阵, 所以 $r\{\beta_1,\beta_2,\beta_3\}=r(\beta_1,\beta_2,\beta_3)=r(\alpha_1,\alpha_2,\alpha_3)=r\{\alpha_1,\alpha_2,\alpha_3\}=r$.

10. (1) √; (2) ×; (3) ×; (4) ×; (5) ×; (6) √; (7) √; (8) ×; (9) ×; (10) ×.

思考题

(1) A 的列向量组 $\alpha_1,\alpha_2,\cdots,\alpha_s$ 与 B 的列向量组 $\beta_1,\beta_2,\cdots,\beta_s$ 等价 $\Rightarrow AX=B$ 与 $BY=A$ 都有解

$\Rightarrow A(E,X)=(A,AX)=(A,B)=(BY,B)=B(Y,E)\Rightarrow r(A)\geqslant r(A,B)\geqslant r(A)$ 同时 $r(B)\geqslant r(A,B)\geqslant r(B)$

$\Rightarrow r(A)=r(A,B)=r(B)$.

反过来, $r(A)=r(A,B)\Rightarrow AX=B$ 有解 $\Rightarrow B$ 的列向量组能由 A 的列向量组线性表示;

$r(B)=r(A,B)=r(B,A)\Rightarrow BY=A$ 有解 $\Rightarrow A$ 的列向量组能由 B 的列向量组线性表示.

综上所述, A 的列向量组与 B 的列向量组等价.

(2) A 的行向量组与 B 的行向量组等价 $\Leftrightarrow r(A)=r\left(\begin{bmatrix}A\\B\end{bmatrix}\right)=r(B)$.

教学周七　n 维向量(2)

课后练习

1. 2.

2. 因为 $(\beta_1,\beta_2,\beta_3,\beta_4)=(\alpha_1,\alpha_2,\alpha_3,\alpha_4)\begin{bmatrix}1&0&0&1\\1&1&0&0\\0&1&1&0\\0&0&1&1\end{bmatrix}$, 令 $C=\begin{bmatrix}1&0&0&1\\1&1&0&0\\0&1&1&0\\0&0&1&1\end{bmatrix}$,

则 $|C|=0$, 所以 $r\{\beta_1,\beta_2,\beta_3,\beta_4\}=r(\beta_1,\beta_2,\beta_3,\beta_4)\leqslant r(C)<4$, 故向量组 $\beta_1,\beta_2,\beta_3,\beta_4$ 线性相关.

3. 由条件得$(\boldsymbol{\beta}_1,\boldsymbol{\beta}_2,\cdots,\boldsymbol{\beta}_s)=(\boldsymbol{\alpha}_1,\boldsymbol{\alpha}_2,\cdots,\boldsymbol{\alpha}_s)\begin{bmatrix}1&1&\cdots&1\\0&1&\cdots&1\\\vdots&\vdots&\ddots&\vdots\\0&0&\cdots&1\end{bmatrix}$，又$\boldsymbol{C}=\begin{bmatrix}1&1&\cdots&1\\0&1&\cdots&1\\\vdots&\vdots&\ddots&\vdots\\0&0&\cdots&1\end{bmatrix}$为可逆阵，

所以 $\mathrm{r}(\boldsymbol{\beta}_1,\boldsymbol{\beta}_2,\cdots,\boldsymbol{\beta}_s)=\mathrm{r}(\boldsymbol{\alpha}_1,\boldsymbol{\alpha}_2,\cdots,\boldsymbol{\alpha}_s)$，即 $\mathrm{r}\{\boldsymbol{\beta}_1,\boldsymbol{\beta}_2,\cdots,\boldsymbol{\beta}_s\}=\mathrm{r}\{\boldsymbol{\alpha}_1,\boldsymbol{\alpha}_2,\cdots,\boldsymbol{\alpha}_s\}$.

因此 $\boldsymbol{\alpha}_1,\boldsymbol{\alpha}_2,\cdots,\boldsymbol{\alpha}_s$线性无关 $\Leftrightarrow \mathrm{r}\{\boldsymbol{\alpha}_1,\boldsymbol{\alpha}_2,\cdots,\boldsymbol{\alpha}_s\}=s\Leftrightarrow \mathrm{r}\{\boldsymbol{\beta}_1,\boldsymbol{\beta}_2,\cdots,\boldsymbol{\beta}_s\}=s\Leftrightarrow \boldsymbol{\beta}_1,\boldsymbol{\beta}_2,\cdots,\boldsymbol{\beta}_s$线性无关.

4. $1+k^3\neq 0$.

5. $(\Rightarrow)$设 n 维列向量 $\boldsymbol{\alpha}_1,\boldsymbol{\alpha}_2,\cdots,\boldsymbol{\alpha}_n$线性无关，$\boldsymbol{A}=(\boldsymbol{\alpha}_1,\boldsymbol{\alpha}_2,\cdots,\boldsymbol{\alpha}_n)$，则 $\mathrm{r}(\boldsymbol{A})=\mathrm{r}\{\boldsymbol{\alpha}_1,\boldsymbol{\alpha}_2,\cdots,\boldsymbol{\alpha}_n\}=n$，

因而$|\boldsymbol{A}|\neq 0$，故 $\boldsymbol{A}$ 可逆，于是对于任意的 n 维列向量 $\boldsymbol{\gamma}$，令

$$\boldsymbol{A}^{-1}\boldsymbol{\gamma}=\begin{bmatrix}k_1\\\vdots\\k_n\end{bmatrix},\quad \text{则}\quad \boldsymbol{\gamma}=\boldsymbol{A}\boldsymbol{A}^{-1}\boldsymbol{\gamma}=\boldsymbol{A}\begin{bmatrix}k_1\\\vdots\\k_n\end{bmatrix}=(\boldsymbol{\alpha}_1,\cdots,\boldsymbol{\alpha}_n)\begin{bmatrix}k_1\\\vdots\\k_n\end{bmatrix}=k_1\boldsymbol{\alpha}_1+\cdots+k_n\boldsymbol{\alpha}_n,$$

可见向量 $\boldsymbol{\gamma}$ 能由向量组 $\boldsymbol{\alpha}_1,\cdots,\boldsymbol{\alpha}_n$线性表示.

$(\Leftarrow)$若任意 n 维列向量 $\boldsymbol{\gamma}$ 都能由向量组 $\boldsymbol{\alpha}_1,\cdots,\boldsymbol{\alpha}_n$线性表示，

则 n 维列向量 $\begin{bmatrix}1\\0\\\vdots\\0\end{bmatrix},\begin{bmatrix}0\\1\\\vdots\\0\end{bmatrix},\cdots,\begin{bmatrix}0\\0\\\vdots\\1\end{bmatrix}$能由向量组 $\boldsymbol{\alpha}_1,\cdots,\boldsymbol{\alpha}_n$线性表示，

即存在矩阵 $\boldsymbol{C}$ 使得 $\boldsymbol{E}_n=(\boldsymbol{\alpha}_1,\boldsymbol{\alpha}_2,\cdots,\boldsymbol{\alpha}_n)\boldsymbol{C}$，于是 $n=\mathrm{r}(\boldsymbol{E})\leqslant \mathrm{r}(\boldsymbol{\alpha}_1,\boldsymbol{\alpha}_2,\cdots,\boldsymbol{\alpha}_n)=\mathrm{r}\{\boldsymbol{\alpha}_1,\boldsymbol{\alpha}_2,\cdots,\boldsymbol{\alpha}_n\}\leqslant n$.

故 $\mathrm{r}\{\boldsymbol{\alpha}_1,\boldsymbol{\alpha}_2,\cdots,\boldsymbol{\alpha}_n\}=n$，因而 $\boldsymbol{\alpha}_1,\boldsymbol{\alpha}_2,\cdots,\boldsymbol{\alpha}_n$线性无关.

6. (1) 当 $a\neq -1$ 且 $a\neq 2$ 时，$\boldsymbol{\alpha}_1,\boldsymbol{\alpha}_2,\boldsymbol{\alpha}_3$ 为 $\boldsymbol{\alpha}_1,\boldsymbol{\alpha}_2,\boldsymbol{\alpha}_3$ 的极大无关组；

(2) 当 $a=-1$ 时，$\boldsymbol{\alpha}_1,\boldsymbol{\alpha}_2$ 为 $\boldsymbol{\alpha}_1,\boldsymbol{\alpha}_2,\boldsymbol{\alpha}_3$ 的极大无关组；

(3) 当 $a=2$ 时，$\boldsymbol{\alpha}_1$ 为 $\boldsymbol{\alpha}_1,\boldsymbol{\alpha}_2,\boldsymbol{\alpha}_3$ 的极大无关组.

7. $(\Rightarrow)$若 $\boldsymbol{\alpha}_1,\boldsymbol{\alpha}_2,\boldsymbol{\alpha}_3$ 与 $\boldsymbol{\beta}_1,\boldsymbol{\beta}_2,\boldsymbol{\beta}_3$ 等价，即 $\boldsymbol{\alpha}_1,\boldsymbol{\alpha}_2,\boldsymbol{\alpha}_3$ 与 $\boldsymbol{\beta}_1,\boldsymbol{\beta}_2,\boldsymbol{\beta}_3$ 可以相互线性表示，

因而 $\mathrm{r}\{\boldsymbol{\alpha}_1,\boldsymbol{\alpha}_2,\boldsymbol{\alpha}_3\}\leqslant\mathrm{r}\{\boldsymbol{\beta}_1,\boldsymbol{\beta}_2,\boldsymbol{\beta}_3\}\leqslant\mathrm{r}\{\boldsymbol{\alpha}_1,\boldsymbol{\alpha}_2,\boldsymbol{\alpha}_3\}$，故 $\mathrm{r}\{\boldsymbol{\alpha}_1,\boldsymbol{\alpha}_2,\boldsymbol{\alpha}_3\}=\mathrm{r}\{\boldsymbol{\beta}_1,\boldsymbol{\beta}_2,\boldsymbol{\beta}_3\}$.

$(\Leftarrow)$当 $\mathrm{r}\{\boldsymbol{\alpha}_1,\boldsymbol{\alpha}_2,\boldsymbol{\alpha}_3\}=\mathrm{r}\{\boldsymbol{\beta}_1,\boldsymbol{\beta}_2,\boldsymbol{\beta}_3\}=0$ 时，$\boldsymbol{\alpha}_1=\boldsymbol{\alpha}_2=\boldsymbol{\alpha}_3=\boldsymbol{\beta}_1=\boldsymbol{\beta}_2=\boldsymbol{\beta}_3=\boldsymbol{0}$，

此时 $\boldsymbol{\alpha}_1,\boldsymbol{\alpha}_2,\boldsymbol{\alpha}_3$ 与 $\boldsymbol{\beta}_1,\boldsymbol{\beta}_2,\boldsymbol{\beta}_3$ 可以相互线性表示，即 $\boldsymbol{\alpha}_1,\boldsymbol{\alpha}_2,\boldsymbol{\alpha}_3$ 与 $\boldsymbol{\beta}_1,\boldsymbol{\beta}_2,\boldsymbol{\beta}_3$ 等价.

下面设 $\mathrm{r}\{\boldsymbol{\alpha}_1,\boldsymbol{\alpha}_2,\boldsymbol{\alpha}_3\}=\mathrm{r}\{\boldsymbol{\beta}_1,\boldsymbol{\beta}_2,\boldsymbol{\beta}_3\}=r>0$，

且 $\boldsymbol{\alpha}_{i_1},\cdots,\boldsymbol{\alpha}_{i_r}$是$\boldsymbol{\alpha}_1,\boldsymbol{\alpha}_2,\boldsymbol{\alpha}_3$ 的极大无关组，$\boldsymbol{\beta}_{j_1},\cdots,\boldsymbol{\beta}_{j_r}$是$\boldsymbol{\beta}_1,\boldsymbol{\beta}_2,\boldsymbol{\beta}_3$ 的极大无关组.

因为向量组 $\boldsymbol{\alpha}_1,\boldsymbol{\alpha}_2,\boldsymbol{\alpha}_3$ 能由 $\boldsymbol{\beta}_1,\boldsymbol{\beta}_2,\boldsymbol{\beta}_3$ 线性表示，$\boldsymbol{\beta}_1,\boldsymbol{\beta}_2,\boldsymbol{\beta}_3$ 能由 $\boldsymbol{\beta}_{j_1},\cdots,\boldsymbol{\beta}_{j_r}$线性表示，

所以 $\boldsymbol{\alpha}_1,\boldsymbol{\alpha}_2,\boldsymbol{\alpha}_3$ 能由 $\boldsymbol{\beta}_{j_1},\cdots,\boldsymbol{\beta}_{j_r}$线性表示，可见 $\boldsymbol{\beta}_{j_1},\cdots,\boldsymbol{\beta}_{j_r}$也是$\boldsymbol{\alpha}_1,\boldsymbol{\alpha}_2,\boldsymbol{\alpha}_3,\boldsymbol{\beta}_1,\boldsymbol{\beta}_2,\boldsymbol{\beta}_3$ 的极大无关组，

因而 $\mathrm{r}\{\boldsymbol{\alpha}_1,\boldsymbol{\alpha}_2,\boldsymbol{\alpha}_3,\boldsymbol{\beta}_1,\boldsymbol{\beta}_2,\boldsymbol{\beta}_3\}=r$.

于是 $\boldsymbol{\alpha}_{i_1},\cdots,\boldsymbol{\alpha}_{i_r}$也是$\boldsymbol{\alpha}_1,\boldsymbol{\alpha}_2,\boldsymbol{\alpha}_3,\boldsymbol{\beta}_1,\boldsymbol{\beta}_2,\boldsymbol{\beta}_3$ 的极大无关组，

故 $\boldsymbol{\beta}_1,\boldsymbol{\beta}_2,\boldsymbol{\beta}_3$ 能由 $\boldsymbol{\alpha}_{i_1},\cdots,\boldsymbol{\alpha}_{i_r}$线性表示，进而能由 $\boldsymbol{\alpha}_1,\boldsymbol{\alpha}_2,\boldsymbol{\alpha}_3$ 线性表示.

再根据向量组 $\boldsymbol{\alpha}_1,\boldsymbol{\alpha}_2,\boldsymbol{\alpha}_3$ 能由 $\boldsymbol{\beta}_1,\boldsymbol{\beta}_2,\boldsymbol{\beta}_3$ 线性表示可知 $\boldsymbol{\alpha}_1,\boldsymbol{\alpha}_2,\boldsymbol{\alpha}_3$ 与 $\boldsymbol{\beta}_1,\boldsymbol{\beta}_2,\boldsymbol{\beta}_3$ 等价.

8. (1) 由 $\boldsymbol{A}^2=\boldsymbol{A}$ 得 $\boldsymbol{A}(\boldsymbol{E}-\boldsymbol{A})=\boldsymbol{O}$，所以 $\mathrm{r}(\boldsymbol{A})+\mathrm{r}(\boldsymbol{E}-\boldsymbol{A})\leqslant n$.

又因为 $\mathrm{r}(\boldsymbol{A})+\mathrm{r}(\boldsymbol{E}-\boldsymbol{A})\geqslant \mathrm{r}[\boldsymbol{A}+(\boldsymbol{E}-\boldsymbol{A})]=\mathrm{r}(\boldsymbol{E})=n$，所以 $\mathrm{r}(\boldsymbol{A})+\mathrm{r}(\boldsymbol{E}-\boldsymbol{A})=n$，

故 $s=\mathrm{r}(\boldsymbol{E}-\boldsymbol{A})=n-\mathrm{r}(\boldsymbol{A})=n-r$.

(2) 由(1)得 $\boldsymbol{P}$ 为 n 阶方阵，下证 $\boldsymbol{\alpha}_1,\cdots,\boldsymbol{\alpha}_r,\boldsymbol{\beta}_1,\cdots,\boldsymbol{\beta}_s$线性无关. 设

$$k_1\boldsymbol{\alpha}_1+\cdots+k_r\boldsymbol{\alpha}_r+l_1\boldsymbol{\beta}_1+\cdots+l_s\boldsymbol{\beta}_s=\boldsymbol{0}. \tag{$*$}$$

由 $\boldsymbol{A}^2=\boldsymbol{A}$ 可知 $\boldsymbol{A}\boldsymbol{\alpha}_1=\boldsymbol{\alpha}_1,\cdots,\boldsymbol{A}\boldsymbol{\alpha}_r=\boldsymbol{\alpha}_r$，由 $\boldsymbol{A}(\boldsymbol{E}-\boldsymbol{A})=\boldsymbol{O}$ 可知 $\boldsymbol{A}\boldsymbol{\beta}_1=\cdots=\boldsymbol{A}\boldsymbol{\beta}_s=\boldsymbol{0}$.

于是在(*)式两边同时左乘 $\boldsymbol{A}$ 得

$$k_1\boldsymbol{A}\boldsymbol{\alpha}_1+\cdots+k_r\boldsymbol{A}\boldsymbol{\alpha}_r+l_1\boldsymbol{A}\boldsymbol{\beta}_1+\cdots+l_s\boldsymbol{A}\boldsymbol{\beta}_s=\boldsymbol{A0},\quad 即\quad k_1\boldsymbol{\alpha}_1+\cdots+k_r\boldsymbol{\alpha}_r=\boldsymbol{0}.$$

由 $\boldsymbol{\alpha}_1,\cdots,\boldsymbol{\alpha}_r$ 线性无关可得 $k_1=\cdots=k_r=0$，故(*)式简化为 $l_1\boldsymbol{\beta}_1+\cdots+l_s\boldsymbol{\beta}_s=\boldsymbol{0}$.

再由 $\boldsymbol{\beta}_1,\cdots,\boldsymbol{\beta}_s$ 线性无关可得 $l_1=\cdots=l_s=0$.

这就证明了 $\boldsymbol{\alpha}_1,\cdots,\boldsymbol{\alpha}_r,\boldsymbol{\beta}_1,\cdots,\boldsymbol{\beta}_s$ 线性无关，因而

$$\mathrm{r}(\boldsymbol{P})=\mathrm{r}\{\boldsymbol{\alpha}_1,\cdots,\boldsymbol{\alpha}_r,\boldsymbol{\beta}_1,\cdots,\boldsymbol{\beta}_s\}=r+s=n.$$

可见 $|\boldsymbol{P}|\neq 0$，因而矩阵 $\boldsymbol{P}$ 可逆.

(3) 由 $\boldsymbol{A}^2=\boldsymbol{A}$ 可知 $\boldsymbol{A}\boldsymbol{\alpha}_1=\boldsymbol{\alpha}_1,\cdots,\boldsymbol{A}\boldsymbol{\alpha}_r=\boldsymbol{\alpha}_r$，由 $\boldsymbol{A}(\boldsymbol{E}-\boldsymbol{A})=\boldsymbol{O}$ 可知 $\boldsymbol{A}\boldsymbol{\beta}_1=\cdots=\boldsymbol{A}\boldsymbol{\beta}_s=\boldsymbol{0}$. 于是

$$\begin{aligned}\boldsymbol{AP}&=\boldsymbol{A}(\boldsymbol{\alpha}_1,\cdots,\boldsymbol{\alpha}_r,\boldsymbol{\beta}_1,\cdots,\boldsymbol{\beta}_s)=(\boldsymbol{A}\boldsymbol{\alpha}_1,\cdots,\boldsymbol{A}\boldsymbol{\alpha}_r,\boldsymbol{A}\boldsymbol{\beta}_1,\cdots,\boldsymbol{A}\boldsymbol{\beta}_s)=(\boldsymbol{\alpha}_1,\cdots,\boldsymbol{\alpha}_r,\boldsymbol{0},\cdots,\boldsymbol{0})\\&=(\boldsymbol{\alpha}_1,\cdots,\boldsymbol{\alpha}_r,\boldsymbol{\beta}_1,\cdots,\boldsymbol{\beta}_s)\begin{bmatrix}\boldsymbol{E}_r&\boldsymbol{O}\\\boldsymbol{O}&\boldsymbol{O}\end{bmatrix}=\boldsymbol{P}\begin{bmatrix}\boldsymbol{E}_r&\boldsymbol{O}\\\boldsymbol{O}&\boldsymbol{O}\end{bmatrix},\end{aligned}$$

由此可得 $\boldsymbol{P}^{-1}\boldsymbol{AP}=\begin{bmatrix}\boldsymbol{E}_r&\boldsymbol{O}\\\boldsymbol{O}&\boldsymbol{O}\end{bmatrix}$.

9. (1) √； (2) √； (3) √； (4) √； (5) ×； (6) √； (7) √； (8) ×； (9) √； (10) √.

思考题

令 $\boldsymbol{A}=(\boldsymbol{\alpha}_1,\boldsymbol{\alpha}_2,\cdots,\boldsymbol{\alpha}_s)$，并对 $\boldsymbol{A}$ 进行初等行变换，把 $\boldsymbol{A}$ 化为行最简形矩阵 $\boldsymbol{B}=(\boldsymbol{\beta}_1,\boldsymbol{\beta}_2,\cdots,\boldsymbol{\beta}_s)=(b_{ij})_{n\times s}$，则

(1) $\boldsymbol{\alpha}_{j_1},\boldsymbol{\alpha}_{j_2},\cdots,\boldsymbol{\alpha}_{j_r}$ 是 $\boldsymbol{\alpha}_1,\boldsymbol{\alpha}_2,\cdots,\boldsymbol{\alpha}_s$ 的极大无关组 $\Leftrightarrow$ $\boldsymbol{\beta}_{j_1},\boldsymbol{\beta}_{j_2},\cdots,\boldsymbol{\beta}_{j_r}$ 是 $\boldsymbol{\beta}_1,\boldsymbol{\beta}_2,\cdots,\boldsymbol{\beta}_s$ 的极大无关组；

(2) $\boldsymbol{\alpha}_{k_1},\boldsymbol{\alpha}_{k_2},\cdots,\boldsymbol{\alpha}_{k_r}$ 是 $\boldsymbol{\alpha}_1,\boldsymbol{\alpha}_2,\cdots,\boldsymbol{\alpha}_s$ 的极大无关组 $\Leftrightarrow$ $\boldsymbol{\beta}_{k_1},\boldsymbol{\beta}_{k_2},\cdots,\boldsymbol{\beta}_{k_r}$ 是 $\boldsymbol{\beta}_1,\boldsymbol{\beta}_2,\cdots,\boldsymbol{\beta}_s$ 的极大无关组；

(3) $j_1+j_2+\cdots+j_r=m\Leftrightarrow b_{1j_1},b_{2j_2},\cdots,b_{rj_r}$ 为 $\boldsymbol{B}$ 中各非零行的非零首元；

(4) $k_1+k_2+\cdots+k_r=m\Leftrightarrow b_{1k_1},b_{2k_2},\cdots,b_{rk_r}$ 为 $\boldsymbol{B}$ 中各非零行的非零首元.

由(3)和(4)可见 $(j_1,j_2,\cdots,j_r)=(k_1,k_2,\cdots,k_r)$.

教学周八　n 维向量(3)

课后练习

1. (1) 否； (2) 是； (3) 否. **2.** (1) 基：$(2,-3,1)^{\mathrm{T}}$，维数：1； (2) 基：$(-1,1,0)^{\mathrm{T}},(3,0,1)^{\mathrm{T}}$，维数：2.

3. (1) 基：$\begin{bmatrix}1\\2\\1\end{bmatrix},\begin{bmatrix}2\\7\\3\end{bmatrix}$，维数：2； (2) 基：$(1,2,1),(2,7,-1)$，维数：2.

4. $\begin{bmatrix}1\\1\end{bmatrix}$. **5.** $\begin{bmatrix}1&0&1\\0&1&1\\1&1&3\end{bmatrix}$. **6.** $\begin{bmatrix}2&1&-1\\1&2&-1\\-1&-1&1\end{bmatrix}$. **7.** $\begin{bmatrix}1\\2\\3\end{bmatrix},\begin{bmatrix}1\\2\\0\end{bmatrix}$. **8.** $\begin{bmatrix}1&0&1\\0&1&0\\1&0&0\end{bmatrix},\begin{bmatrix}3\\-1\\1\end{bmatrix}$.

9. (1) √； (2) ×； (3) √； (4) √； (5) ×； (6) √； (7) √； (8) √； (9) √； (10) √.

思考题

先证存在性. 由条件可知 $f(k_1\boldsymbol{\varepsilon}_1+k_2\boldsymbol{\varepsilon}_2+k_3\boldsymbol{\varepsilon}_3)=k_1f(\boldsymbol{\varepsilon}_1)+k_2f(\boldsymbol{\varepsilon}_2)+k_3f(\boldsymbol{\varepsilon}_3)$，$\forall k_1,k_2,k_3\in\mathbf{R}$. 令

$$f(\boldsymbol{\varepsilon}_1)=a_{11}\boldsymbol{\varepsilon}_1+a_{21}\boldsymbol{\varepsilon}_2+a_{31}\boldsymbol{\varepsilon}_3=(\boldsymbol{\varepsilon}_1,\boldsymbol{\varepsilon}_2,\boldsymbol{\varepsilon}_3)\begin{bmatrix}a_{11}\\a_{21}\\a_{31}\end{bmatrix},$$

$$f(\boldsymbol{\varepsilon}_2)=a_{12}\boldsymbol{\varepsilon}_1+a_{22}\boldsymbol{\varepsilon}_2+a_{32}\boldsymbol{\varepsilon}_3=(\boldsymbol{\varepsilon}_1,\boldsymbol{\varepsilon}_2,\boldsymbol{\varepsilon}_3)\begin{bmatrix}a_{12}\\a_{22}\\a_{32}\end{bmatrix},$$

$$f(\boldsymbol{\varepsilon}_3)=a_{13}\boldsymbol{\varepsilon}_1+a_{23}\boldsymbol{\varepsilon}_2+a_{33}\boldsymbol{\varepsilon}_3=(\boldsymbol{\varepsilon}_1,\boldsymbol{\varepsilon}_2,\boldsymbol{\varepsilon}_3)\begin{bmatrix}a_{13}\\a_{23}\\a_{33}\end{bmatrix},$$

$$\boldsymbol{A}=\begin{bmatrix}a_{11}&a_{12}&a_{13}\\a_{21}&a_{22}&a_{23}\\a_{31}&a_{32}&a_{33}\end{bmatrix},\quad \boldsymbol{\xi}=\begin{bmatrix}x_1\\x_2\\x_3\end{bmatrix},\quad \boldsymbol{\eta}=x_1\boldsymbol{\varepsilon}_1+x_2\boldsymbol{\varepsilon}_2+x_3\boldsymbol{\varepsilon}_3=(\boldsymbol{\varepsilon}_1,\boldsymbol{\varepsilon}_2,\boldsymbol{\varepsilon}_3)\begin{bmatrix}x_1\\x_2\\x_3\end{bmatrix}=(\boldsymbol{\varepsilon}_1,\boldsymbol{\varepsilon}_2,\boldsymbol{\varepsilon}_3)\boldsymbol{\xi},$$

则

$$(f(\boldsymbol{\varepsilon}_1),f(\boldsymbol{\varepsilon}_2),f(\boldsymbol{\varepsilon}_3))=(\boldsymbol{\varepsilon}_1,\boldsymbol{\varepsilon}_2,\boldsymbol{\varepsilon}_3)\begin{bmatrix}a_{11}&a_{12}&a_{13}\\a_{21}&a_{22}&a_{23}\\a_{31}&a_{32}&a_{33}\end{bmatrix}=(\boldsymbol{\varepsilon}_1,\boldsymbol{\varepsilon}_2,\boldsymbol{\varepsilon}_3)\boldsymbol{A},$$

$$f(\boldsymbol{\eta})=f(x_1\boldsymbol{\varepsilon}_1+x_2\boldsymbol{\varepsilon}_2+x_3\boldsymbol{\varepsilon}_3)=x_1f(\boldsymbol{\varepsilon}_1)+x_2f(\boldsymbol{\varepsilon}_2)+x_3f(\boldsymbol{\varepsilon}_3)=(f(\boldsymbol{\varepsilon}_1),f(\boldsymbol{\varepsilon}_2),f(\boldsymbol{\varepsilon}_3))\begin{bmatrix}x_1\\x_2\\x_3\end{bmatrix}$$

$$=(\boldsymbol{\varepsilon}_1,\boldsymbol{\varepsilon}_2,\boldsymbol{\varepsilon}_3)\boldsymbol{A}\boldsymbol{\xi},$$

可见 $f(\boldsymbol{\eta})$在基 $\boldsymbol{\varepsilon}_1,\boldsymbol{\varepsilon}_2,\boldsymbol{\varepsilon}_3$ 下的坐标为 $\boldsymbol{A}\boldsymbol{\xi}$.

再证唯一性. 设 $\boldsymbol{B}=(b_{ij})_{3\times 3}$ 也满足 $f(\boldsymbol{\eta})=(\boldsymbol{\varepsilon}_1,\boldsymbol{\varepsilon}_2,\boldsymbol{\varepsilon}_3)\boldsymbol{B}\boldsymbol{\xi}$,则

$$(\boldsymbol{\varepsilon}_1,\boldsymbol{\varepsilon}_2,\boldsymbol{\varepsilon}_3)\begin{bmatrix}a_{11}\\a_{21}\\a_{31}\end{bmatrix}=f(\boldsymbol{\varepsilon}_1)=(\boldsymbol{\varepsilon}_1,\boldsymbol{\varepsilon}_2,\boldsymbol{\varepsilon}_3)\boldsymbol{B}\begin{bmatrix}1\\0\\0\end{bmatrix},$$

$$(\boldsymbol{\varepsilon}_1,\boldsymbol{\varepsilon}_2,\boldsymbol{\varepsilon}_3)\begin{bmatrix}a_{12}\\a_{22}\\a_{32}\end{bmatrix}=f(\boldsymbol{\varepsilon}_2)=(\boldsymbol{\varepsilon}_1,\boldsymbol{\varepsilon}_2,\boldsymbol{\varepsilon}_3)\boldsymbol{B}\begin{bmatrix}0\\1\\0\end{bmatrix},$$

$$(\boldsymbol{\varepsilon}_1,\boldsymbol{\varepsilon}_2,\boldsymbol{\varepsilon}_3)\begin{bmatrix}a_{13}\\a_{23}\\a_{33}\end{bmatrix}=f(\boldsymbol{\varepsilon}_3)=(\boldsymbol{\varepsilon}_1,\boldsymbol{\varepsilon}_2,\boldsymbol{\varepsilon}_3)\boldsymbol{B}\begin{bmatrix}0\\0\\1\end{bmatrix},$$

由此可得 $\boldsymbol{B}\begin{bmatrix}1\\0\\0\end{bmatrix}=\begin{bmatrix}a_{11}\\a_{21}\\a_{31}\end{bmatrix},\boldsymbol{B}\begin{bmatrix}0\\1\\0\end{bmatrix}=\begin{bmatrix}a_{12}\\a_{22}\\a_{32}\end{bmatrix},\boldsymbol{B}\begin{bmatrix}0\\0\\1\end{bmatrix}=\begin{bmatrix}a_{13}\\a_{23}\\a_{33}\end{bmatrix}$,于是

$$\boldsymbol{B}=\boldsymbol{B}\boldsymbol{E}=\boldsymbol{B}\begin{bmatrix}1&0&0\\0&1&0\\0&0&1\end{bmatrix}=\begin{bmatrix}a_{11}&a_{12}&a_{13}\\a_{21}&a_{22}&a_{23}\\a_{31}&a_{32}&a_{33}\end{bmatrix}=\boldsymbol{A}.$$

期中试题一

一、填空题

1. $\begin{bmatrix}2&3&1\\0&0&0\\-2&-3&-1\end{bmatrix}$,1,$\begin{bmatrix}2&3&1\\0&0&0\\-2&-3&-1\end{bmatrix}$. **2.** 0. **3.** $\begin{bmatrix}5&-3\\-4&2\end{bmatrix}$,$-2$,$\begin{bmatrix}-5/2&3/2\\2&-1\end{bmatrix}$. **4.** $\boldsymbol{O}$.

5. $x_1^2+2x_1x_2+3x_2^2$. **6.** 2. **7.** 2. **8.** $(5,0,1)^{\mathrm{T}},(0,2,1)^{\mathrm{T}}$;2. **9.** $\begin{bmatrix}7/29&5/29\\3/29&-2/29\end{bmatrix}$,$\begin{bmatrix}12/29\\1/29\end{bmatrix}$.

二、选择题

1. ①. **2.** ②. **3.** ①. **4.** ④. **5.** ③.

三、计算题

1. (1) $(\lambda-6)\lambda^2$.

(2) 当$\lambda\neq6$且$\lambda\neq0$时, $r(\lambda\boldsymbol{E}-\boldsymbol{A})=3$; 当$\lambda=6$时, $r(\lambda\boldsymbol{E}-\boldsymbol{A})=2$; 当$\lambda=0$时, $r(\lambda\boldsymbol{E}-\boldsymbol{A})=1$.

2. $\begin{bmatrix}1&0\\0&1\\-1&0\end{bmatrix}$.

3. $\boldsymbol{\beta}_1,\boldsymbol{\beta}_3$ 为 $\boldsymbol{\beta}_1,\boldsymbol{\beta}_2,\boldsymbol{\beta}_3,\boldsymbol{\beta}_4$ 的一个极大无关组; $\boldsymbol{\beta}_2=2\boldsymbol{\beta}_1,\boldsymbol{\beta}_4=\boldsymbol{\beta}_3-\boldsymbol{\beta}_1$.

期中试题二

一、填空题

1. $\begin{bmatrix}-2&1&3\\0&0&0\\-2&1&3\end{bmatrix}$. **2.** $\begin{bmatrix}0&1&1\\1&0&0\\-1&1&1\end{bmatrix}$. **3.** $\begin{bmatrix}3&0\\0&3\end{bmatrix}$. **4.** $x_1^2+2x_1x_3+2x_2^2-2x_2x_3$. **5.** $\begin{bmatrix}1&0\\0&1\end{bmatrix}$. **6.** 0.

7. 2. **8.** $\frac{343}{5}$. **9.** -2^{n+1}. **10.** $\begin{bmatrix}0&6\\1&-1\end{bmatrix}$.

二、计算题

1. -10. **2.** (1) $p=-1,q=2$; (2) $p=-1,q\neq2$.

3. $\begin{bmatrix}1&6&-24&1\\0&-1&4&0\\0&0&1&0\\0&0&0&-1\end{bmatrix}$. **4.** $\begin{bmatrix}1&0\\0&1\\1&1\end{bmatrix}$.

5. (1) $-\frac{6}{29}$; (2) $k_1=\frac{2}{11},k_2=-\frac{6}{11}$.

6. (1) $\begin{bmatrix}1&0&0\\0&1&0\\0&0&0\end{bmatrix}$; (2) $\boldsymbol{P}=\begin{bmatrix}3&0&0\\1&1&0\\2&-1&1\end{bmatrix},\boldsymbol{Q}=\begin{bmatrix}1&0&-2\\0&1&3\\0&0&1\end{bmatrix}$; (3) $\boldsymbol{B}=\begin{bmatrix}3&0\\1&1\\2&-1\end{bmatrix},\boldsymbol{C}=\begin{bmatrix}1&0&-2\\0&1&3\end{bmatrix}$.

期中试题三

一、填空题

1. $\begin{bmatrix}1&2&2\\2&0&3\\2&3&-2\end{bmatrix}$. **2.** $a(b-3)=0$. **3.** $\begin{bmatrix}\boldsymbol{A}^{-1}&\boldsymbol{O}\\-2\boldsymbol{B}^{-1}\boldsymbol{A}^{-1}&\boldsymbol{B}^{-1}\end{bmatrix}$. **4.** $\begin{bmatrix}1&0\\2&1\end{bmatrix}$. **5.** $(0,1)$.

6. $\begin{bmatrix}\frac{\sqrt{3}}{2}&\frac{1}{2}\\\frac{1}{2}&-\frac{\sqrt{3}}{2}\end{bmatrix}$. **7.** 0. **8.** 4. **9.** -2. **10.** $\boldsymbol{\alpha}_1,\boldsymbol{\alpha}_2,\boldsymbol{\alpha}_4$.

二、计算题

1. 60.　**2.** $m=2,n=7$;$\boldsymbol{\alpha}_2=(-3k+2)\boldsymbol{\beta}_1+(-k+1)\boldsymbol{\beta}_2+k\boldsymbol{\beta}_3$,其中 k 为任意实数.

3. $\begin{bmatrix}-1&2&1\\0&0&0\\0&\frac{3}{2}&2\end{bmatrix}$.　**4.** $\boldsymbol{A}=\begin{bmatrix}1&0&0\\0&1&0\\4&2&-1\end{bmatrix}$,$\boldsymbol{A}^{100}=\begin{bmatrix}1&0&0\\0&1&0\\0&0&1\end{bmatrix}$.

三、证明题

1. 因为 $n\times n$ 矩阵 $\boldsymbol{A}$ 的秩为 r,所以存在 n 阶可逆矩阵 $\boldsymbol{P},\boldsymbol{Q}$ 使得

$$\boldsymbol{PAQ}=\begin{bmatrix}\boldsymbol{E}_r&\boldsymbol{O}\\\boldsymbol{O}&\boldsymbol{O}\end{bmatrix},\quad 其中\ \boldsymbol{E}_r\ 为\ r\ 阶单位阵.$$

于是存在秩为 $n-r$ 的 $n\times n$ 矩阵 $\boldsymbol{B}=\boldsymbol{Q}\begin{bmatrix}\boldsymbol{O}&\boldsymbol{O}\\\boldsymbol{O}&\boldsymbol{E}_{n-r}\end{bmatrix}$使得

$$\boldsymbol{AB}=\boldsymbol{P}^{-1}\begin{bmatrix}\boldsymbol{E}_r&\boldsymbol{O}\\\boldsymbol{O}&\boldsymbol{O}\end{bmatrix}\boldsymbol{Q}^{-1}\boldsymbol{Q}\begin{bmatrix}\boldsymbol{O}&\boldsymbol{O}\\\boldsymbol{O}&\boldsymbol{E}_{n-r}\end{bmatrix}=\boldsymbol{P}^{-1}\begin{bmatrix}\boldsymbol{E}_r&\boldsymbol{O}\\\boldsymbol{O}&\boldsymbol{O}\end{bmatrix}\begin{bmatrix}\boldsymbol{O}&\boldsymbol{O}\\\boldsymbol{O}&\boldsymbol{E}_{n-r}\end{bmatrix}=\boldsymbol{P}^{-1}\boldsymbol{O}=\boldsymbol{O}.$$

2. 因为

$$\boldsymbol{A}=\boldsymbol{\alpha}^{\mathrm{T}}\boldsymbol{\beta}=\begin{bmatrix}a_1\\a_2\\\vdots\\a_n\end{bmatrix}(b_1,b_2,\cdots,b_n)=\begin{bmatrix}a_1b_1&a_1b_2&\cdots&a_1b_n\\a_2b_1&a_2b_2&\cdots&a_2b_n\\\vdots&\vdots&&\vdots\\a_nb_1&a_nb_2&\cdots&a_nb_n\end{bmatrix},$$

所以

$$\boldsymbol{A}\ 是对称矩阵 \Leftrightarrow a_ib_j=a_jb_i(\forall\, i,j=1,2,\cdots,n) \Leftrightarrow \boldsymbol{\alpha},\boldsymbol{\beta}\ 的分量成比例 \Leftrightarrow \boldsymbol{\alpha},\boldsymbol{\beta}\ 线性相关.$$

3. $\boldsymbol{A}^2+2\boldsymbol{A}-3\boldsymbol{E}=\boldsymbol{O}\Rightarrow(\boldsymbol{A}+\boldsymbol{E})(\boldsymbol{A}+\boldsymbol{E})-4\boldsymbol{E}=\boldsymbol{A}^2+2\boldsymbol{A}+\boldsymbol{E}-4\boldsymbol{E}=\boldsymbol{A}^2+2\boldsymbol{A}-3\boldsymbol{E}=\boldsymbol{O}$

$$\Rightarrow(\boldsymbol{A}+\boldsymbol{E})(\boldsymbol{A}+\boldsymbol{E})=4\boldsymbol{E}\Rightarrow(\boldsymbol{A}+\boldsymbol{E})\frac{1}{4}(\boldsymbol{A}+\boldsymbol{E})=\boldsymbol{E}\Rightarrow\boldsymbol{A}+\boldsymbol{E}\ 可逆.$$

期中试题四

一、填空题

1. $a=b=0$.　**2.** $\frac{1}{2}$.　**3.** $\begin{bmatrix}-\boldsymbol{B}^{-1}\boldsymbol{A}^{-1}&\boldsymbol{B}^{-1}\\\boldsymbol{A}^{-1}&\boldsymbol{O}\end{bmatrix}$.　**4.** 0.　**5.** $-\frac{1}{70}$.

6. 当 $t=-1$ 时,$\mathrm{r}\{\boldsymbol{\alpha},\boldsymbol{\beta},\boldsymbol{\gamma}\}=1$;当 $t=2$ 时,$\mathrm{r}\{\boldsymbol{\alpha},\boldsymbol{\beta},\boldsymbol{\gamma}\}=2$;当 $t\neq-1$ 且 $t\neq2$ 时,$\mathrm{r}\{\boldsymbol{\alpha},\boldsymbol{\beta},\boldsymbol{\gamma}\}=3$.

7. $x=2$ 或 $y=3$.　**8.** 2.

二、计算题

1. x^4.　**2.** $a=3,b=-2,c=-1$.

3. $\boldsymbol{A}=\begin{bmatrix}1&0&0\\0&1&-1\\2&0&0\end{bmatrix}=\begin{bmatrix}1&0&0\\0&1&0\\2&0&1\end{bmatrix}\begin{bmatrix}1&0&0\\0&1&0\\0&0&0\end{bmatrix}\begin{bmatrix}1&0&0\\0&1&-1\\0&0&1\end{bmatrix}=\boldsymbol{BE}_{3\times3}^{(2)}\boldsymbol{C}$,

其中 $\boldsymbol{B}=\begin{bmatrix}1&0&0\\0&1&0\\2&0&1\end{bmatrix}$,$\boldsymbol{C}=\begin{bmatrix}1&0&0\\0&1&-1\\0&0&1\end{bmatrix}$可逆. 令 $\boldsymbol{P}=\boldsymbol{C}^{-1}\boldsymbol{B}^{-1}=\begin{bmatrix}1&0&0\\-2&1&1\\-2&0&1\end{bmatrix}$,则

$$\boldsymbol{PA}=\boldsymbol{C}^{-1}\boldsymbol{E}_{3\times3}^{(2)}\boldsymbol{C}\quad 满足\quad(\boldsymbol{PA})^2=\boldsymbol{C}^{-1}\boldsymbol{E}_{3\times3}^{(2)}\boldsymbol{CC}^{-1}\boldsymbol{E}_{3\times3}^{(2)}\boldsymbol{C}=\boldsymbol{C}^{-1}\boldsymbol{E}_{3\times3}^{(2)}\boldsymbol{C}=\boldsymbol{PA}.$$

4. $\begin{bmatrix} \frac{3}{2} & \frac{1}{3} & -1 \\ 0 & \frac{1}{3} & 0 \\ 4 & \frac{4}{3} & -3 \end{bmatrix}$. 5. $abc=-1$.

三、证明题

1. 因为 $\boldsymbol{\alpha}_1,\boldsymbol{\alpha}_2,\boldsymbol{\alpha}_3$ 线性相关,所以 $\boldsymbol{\alpha}_1,\boldsymbol{\alpha}_2,\boldsymbol{\alpha}_3,\boldsymbol{\alpha}_4$ 线性相关.

又因为 $\boldsymbol{\alpha}_2,\boldsymbol{\alpha}_3,\boldsymbol{\alpha}_4$ 线性无关,所以 $\boldsymbol{\alpha}_1$ 能由 $\boldsymbol{\alpha}_2,\boldsymbol{\alpha}_3,\boldsymbol{\alpha}_4$ 线性表示.

2. 一方面,由 $\boldsymbol{A}^2=2\boldsymbol{A}$ 得 $\boldsymbol{A}(2\boldsymbol{E}-\boldsymbol{A})=2\boldsymbol{A}\boldsymbol{E}-\boldsymbol{A}^2=2\boldsymbol{A}-\boldsymbol{A}^2=\boldsymbol{O}$,故 $\mathrm{r}(2\boldsymbol{E}-\boldsymbol{A})+\mathrm{r}(\boldsymbol{A})\leqslant n$;

另一方面,$n=\mathrm{r}(2\boldsymbol{E})=\mathrm{r}[(2\boldsymbol{E}-\boldsymbol{A})+\boldsymbol{A}]\leqslant\mathrm{r}(2\boldsymbol{E}-\boldsymbol{A})+\mathrm{r}(\boldsymbol{A})$.

所以 $\mathrm{r}(2\boldsymbol{E}-\boldsymbol{A})+\mathrm{r}(\boldsymbol{A})=n$.

3. 由 $\boldsymbol{A}^2+2\boldsymbol{A}-3\boldsymbol{E}=\boldsymbol{O}\Rightarrow(\boldsymbol{A}-\boldsymbol{E})(\boldsymbol{A}+3\boldsymbol{E})=\boldsymbol{O}$.

假若 $\boldsymbol{A}+3\boldsymbol{E}$ 可逆,则 $\boldsymbol{A}-\boldsymbol{E}=(\boldsymbol{A}-\boldsymbol{E})(\boldsymbol{A}+3\boldsymbol{E})(\boldsymbol{A}+3\boldsymbol{E})^{-1}=\boldsymbol{O}$. 由此可得 $\boldsymbol{A}=\boldsymbol{E}$,这与 $\boldsymbol{A}\neq\boldsymbol{E}$ 矛盾!

故 $\boldsymbol{A}+3\boldsymbol{E}$ 不可逆.

教学周九　n 维向量(4)

课后练习

1. $k=-1,\cos\varphi=\frac{\sqrt{130}}{130}$. 2. $\frac{\sqrt{6}}{6}(1,1,-2)^{\mathrm{T}}$ 或 $-\frac{\sqrt{6}}{6}(1,1,-2)^{\mathrm{T}}$.

3. $\boldsymbol{\varepsilon}_1=\frac{\sqrt{3}}{3}(1,1,1)^{\mathrm{T}},\boldsymbol{\varepsilon}_2=\frac{\sqrt{2}}{2}(0,1,-1)^{\mathrm{T}},\boldsymbol{\varepsilon}_3=\frac{\sqrt{6}}{6}(-2,1,1)^{\mathrm{T}}$.

4. $\boldsymbol{Q}=\begin{bmatrix} \frac{\sqrt{3}}{3} & 0 & -\frac{\sqrt{6}}{3} \\ \frac{\sqrt{3}}{3} & \frac{\sqrt{2}}{2} & \frac{\sqrt{6}}{6} \\ \frac{\sqrt{3}}{3} & -\frac{\sqrt{2}}{2} & \frac{\sqrt{6}}{6} \end{bmatrix},\boldsymbol{T}=\begin{bmatrix} \sqrt{3} & 0 & \frac{4\sqrt{3}}{3} \\ 0 & \sqrt{2} & \frac{\sqrt{2}}{2} \\ 0 & 0 & \frac{\sqrt{6}}{6} \end{bmatrix}$. 5. $\left(2\sqrt{3},-\frac{\sqrt{2}}{2},\frac{\sqrt{6}}{2}\right)^{\mathrm{T}}$. 6. 0 或 $\frac{2}{3}$. 7. 0.

8. $\langle\boldsymbol{\beta}_1,\boldsymbol{\beta}_2\rangle=\boldsymbol{\beta}_1^{\mathrm{T}}\boldsymbol{\beta}_2=(\boldsymbol{A}\boldsymbol{\alpha}_1)^{\mathrm{T}}(\boldsymbol{A}\boldsymbol{\alpha}_2)=\boldsymbol{\alpha}_1^{\mathrm{T}}\boldsymbol{A}^{\mathrm{T}}\boldsymbol{A}\boldsymbol{\alpha}_2=\boldsymbol{\alpha}_1^{\mathrm{T}}\boldsymbol{E}\boldsymbol{\alpha}_2=\boldsymbol{\alpha}_1^{\mathrm{T}}\boldsymbol{\alpha}_2=\langle\boldsymbol{\alpha}_1,\boldsymbol{\alpha}_2\rangle$.

9. 令 $\boldsymbol{A}=(\boldsymbol{A}_1,\boldsymbol{A}_2,\cdots,\boldsymbol{A}_n)$,$n$ 维列向量 $\boldsymbol{e}_1=(1,0,\cdots,0)^{\mathrm{T}},\boldsymbol{e}_2=(0,1,\cdots,0)^{\mathrm{T}},\cdots,\boldsymbol{e}_n=(0,0,\cdots,1)^{\mathrm{T}}$,则

$$\boldsymbol{A}_i^{\mathrm{T}}\boldsymbol{A}_i=\|\boldsymbol{A}_i\|^2=\|\boldsymbol{A}\boldsymbol{e}_i\|^2=\|\boldsymbol{e}_i\|^2=1,$$

$$\begin{aligned}\langle\boldsymbol{A}_i+\boldsymbol{A}_j,\boldsymbol{A}_i+\boldsymbol{A}_j\rangle&=\langle\boldsymbol{A}_i,\boldsymbol{A}_i\rangle+\langle\boldsymbol{A}_i,\boldsymbol{A}_j\rangle+\langle\boldsymbol{A}_j,\boldsymbol{A}_i\rangle+\langle\boldsymbol{A}_j,\boldsymbol{A}_j\rangle\\&=\|\boldsymbol{A}_i\|^2+2\boldsymbol{A}_i^{\mathrm{T}}\boldsymbol{A}_j+\|\boldsymbol{A}_j\|^2=2+2\boldsymbol{A}_i^{\mathrm{T}}\boldsymbol{A}_j,\end{aligned}$$

$$\langle\boldsymbol{A}_i+\boldsymbol{A}_j,\boldsymbol{A}_i+\boldsymbol{A}_j\rangle=\langle\boldsymbol{A}(\boldsymbol{e}_i+\boldsymbol{e}_j),\boldsymbol{A}(\boldsymbol{e}_i+\boldsymbol{e}_j)\rangle=\|\boldsymbol{A}(\boldsymbol{e}_i+\boldsymbol{e}_j)\|^2=\|\boldsymbol{e}_i+\boldsymbol{e}_j\|^2=2,$$

因而 $\boldsymbol{A}_i^{\mathrm{T}}\boldsymbol{A}_j=0,i,j=1,2,\cdots,n$. 可见

$$\boldsymbol{A}^{\mathrm{T}}\boldsymbol{A}=\begin{bmatrix}\boldsymbol{A}_1^{\mathrm{T}}\\\vdots\\\boldsymbol{A}_n^{\mathrm{T}}\end{bmatrix}(\boldsymbol{A}_1,\cdots,\boldsymbol{A}_n)=\begin{bmatrix}\boldsymbol{A}_1^{\mathrm{T}}\boldsymbol{A}_1&\cdots&\boldsymbol{A}_1^{\mathrm{T}}\boldsymbol{A}_n\\\vdots&\ddots&\vdots\\\boldsymbol{A}_n^{\mathrm{T}}\boldsymbol{A}_1&\cdots&\boldsymbol{A}_n^{\mathrm{T}}\boldsymbol{A}_n\end{bmatrix}=\boldsymbol{E}.$$

这就证明了 $\boldsymbol{A}$ 是正交矩阵.

10. (1) √; (2) √; (3) √; (4) √; (5) √; (6) ×; (7) √; (8) ×; (9) √; (10) ×.

思考题

因为 $\boldsymbol{\beta}_1$ 与 $\boldsymbol{\gamma}_1$ 均可由 $\boldsymbol{\alpha}_1$ 线性表示，所以可设 $\boldsymbol{\beta}_1=a\boldsymbol{\alpha}_1,\boldsymbol{\gamma}_1=b\boldsymbol{\alpha}_1$，其中 $a,b\in\mathbf{R}$.

又因为 $\boldsymbol{\gamma}_1\neq\mathbf{0}$，所以 $b\neq0$，因而 $\boldsymbol{\alpha}_1=b^{-1}\boldsymbol{\gamma}_1$，于是令 $k_1=ab^{-1}$，则 $k_1\in\mathbf{R},\boldsymbol{\beta}_1=a\boldsymbol{\alpha}_1=ab^{-1}\boldsymbol{\gamma}_1=k_1\boldsymbol{\gamma}_1$.

由于 $\boldsymbol{\beta}_2$ 与 $\boldsymbol{\gamma}_2$ 均可由 $\boldsymbol{\alpha}_1,\boldsymbol{\alpha}_2$ 线性表示，故可设

$$\boldsymbol{\beta}_2=a_1\boldsymbol{\alpha}_1+a_2\boldsymbol{\alpha}_2=a_1a^{-1}\boldsymbol{\beta}_1+a_2\boldsymbol{\alpha}_2,\quad \boldsymbol{\gamma}_2=b_1\boldsymbol{\alpha}_1+b_2\boldsymbol{\alpha}_2=b_1b^{-1}\boldsymbol{\gamma}_1+b_2\boldsymbol{\alpha}_2,$$

其中 $a_1,a_2,b_1,b_2\in\mathbf{R}$. 由

$$a_1a^{-1}\langle\boldsymbol{\beta}_1,\boldsymbol{\beta}_1\rangle+a_2\langle\boldsymbol{\beta}_1,\boldsymbol{\alpha}_2\rangle=\langle\boldsymbol{\beta}_1,a_1a^{-1}\boldsymbol{\beta}_1+a_2\boldsymbol{\alpha}_2\rangle=\langle\boldsymbol{\beta}_1,\boldsymbol{\beta}_2\rangle=0,$$

可得 $a_1=-\dfrac{aa_2\langle\boldsymbol{\beta}_1,\boldsymbol{\alpha}_2\rangle}{\langle\boldsymbol{\beta}_1,\boldsymbol{\beta}_1\rangle}$. 类似地，$b_1=-\dfrac{bb_2\langle\boldsymbol{\gamma}_1,\boldsymbol{\alpha}_2\rangle}{\langle\boldsymbol{\gamma}_1,\boldsymbol{\gamma}_1\rangle}$.

由 $\boldsymbol{\beta}_1=k_1\boldsymbol{\gamma}_1$ 可得 $a_1=-\dfrac{aa_2\langle\boldsymbol{\beta}_1,\boldsymbol{\alpha}_2\rangle}{\langle\boldsymbol{\beta}_1,\boldsymbol{\beta}_1\rangle}=-\dfrac{aa_2k_1\langle\boldsymbol{\gamma}_1,\boldsymbol{\alpha}_2\rangle}{\langle k_1\boldsymbol{\gamma}_1,k_1\boldsymbol{\gamma}_1\rangle}=-\dfrac{aa_2\langle\boldsymbol{\gamma}_1,\boldsymbol{\alpha}_2\rangle}{k_1\langle\boldsymbol{\gamma}_1,\boldsymbol{\gamma}_1\rangle}$，于是

$$\boldsymbol{\beta}_2=a_1\boldsymbol{\alpha}_1+a_2\boldsymbol{\alpha}_2=-\frac{aa_2\langle\boldsymbol{\gamma}_1,\boldsymbol{\alpha}_2\rangle}{k_1\langle\boldsymbol{\gamma}_1,\boldsymbol{\gamma}_1\rangle}\boldsymbol{\alpha}_1+a_2\boldsymbol{\alpha}_2=-\frac{ba_2\langle\boldsymbol{\gamma}_1,\boldsymbol{\alpha}_2\rangle}{\langle\boldsymbol{\gamma}_1,\boldsymbol{\gamma}_1\rangle}\boldsymbol{\alpha}_1+a_2\boldsymbol{\alpha}_2,$$

$$\boldsymbol{\gamma}_2=b_1\boldsymbol{\alpha}_1+b_2\boldsymbol{\alpha}_2=-\frac{bb_2\langle\boldsymbol{\gamma}_1,\boldsymbol{\alpha}_2\rangle}{\langle\boldsymbol{\gamma}_1,\boldsymbol{\gamma}_1\rangle}\boldsymbol{\alpha}_1+b_2\boldsymbol{\alpha}_2,$$

可见 $\boldsymbol{\beta}_2=a_2b_2^{-1}\boldsymbol{\gamma}_2$. 这就是说，只要令 $k_2=a_2b_2^{-1}$，即可使 $k_2\in\mathbf{R},\boldsymbol{\beta}_2=k_2\boldsymbol{\gamma}_2$.

依此类推，可得 $\boldsymbol{\beta}_i=k_i\boldsymbol{\gamma}_i$，其中 $k_i\in\mathbf{R},i=1,2,\cdots,m$.

教学周十　线性方程组(1)

课后练习

1. (1) 基础解系：$\boldsymbol{\eta}_1=(1,0,2,0)^{\mathrm{T}},\boldsymbol{\eta}_2=(0,1,3,0)^{\mathrm{T}},\boldsymbol{\eta}_3=(0,0,-5,1)^{\mathrm{T}}$；

通解：$k_1\boldsymbol{\eta}_1+k_2\boldsymbol{\eta}_2+k_3\boldsymbol{\eta}_3$，其中 k_1,k_2,k_3 为任意数.

(2) 基础解系：$\boldsymbol{\eta}_1=(7,-11,1,0)^{\mathrm{T}},\boldsymbol{\eta}_2=(-6,10,0,1)^{\mathrm{T}}$；

通解：$k_1\boldsymbol{\eta}_1+k_2\boldsymbol{\eta}_2$，其中 k_1,k_2 为任意数.

2. $\lambda=-3$ 或 1.

$\lambda=-3$ 时，基础解系：$\boldsymbol{\eta}=(1,1,1,1)^{\mathrm{T}}$；

$\lambda=1$ 时，基础解系：$\boldsymbol{\eta}_1=(-1,1,0,0)^{\mathrm{T}},\boldsymbol{\eta}_2=(-1,0,1,0)^{\mathrm{T}},\boldsymbol{\eta}_3=(-1,0,0,1)^{\mathrm{T}}$.

3. $\begin{bmatrix}1\\\vdots\\1\end{bmatrix}_{n\times1}$.　**4.** $\begin{bmatrix}1&0&-\dfrac{2}{3}&-\dfrac{7}{3}\\0&1&-\dfrac{1}{3}&-\dfrac{2}{3}\end{bmatrix}$.

5. 先证明 $\boldsymbol{\eta}_1,\boldsymbol{\eta}_2,\boldsymbol{\eta}_3,\boldsymbol{\xi}$ 线性无关. 假若 $\boldsymbol{\eta}_1,\boldsymbol{\eta}_2,\boldsymbol{\eta}_3,\boldsymbol{\xi}$ 线性相关，则由 $\boldsymbol{\eta}_1,\boldsymbol{\eta}_2,\boldsymbol{\eta}_3$ 线性无关可知 $\boldsymbol{\xi}$ 能由 $\boldsymbol{\eta}_1,\boldsymbol{\eta}_2,\boldsymbol{\eta}_3$ 线性表示，此时可设 $\boldsymbol{\xi}=k_1\boldsymbol{\eta}_1+k_2\boldsymbol{\eta}_2+k_3\boldsymbol{\eta}_3$，于是可得 $\boldsymbol{A\xi}=\mathbf{0}$，这与"$\boldsymbol{\xi}$ 不是 $\boldsymbol{Ax}=\mathbf{0}$的解"矛盾！然后验证 $\boldsymbol{\eta}_1,\boldsymbol{\eta}_2,\boldsymbol{\eta}_3,\boldsymbol{\xi}$ 与 $\boldsymbol{\xi},\boldsymbol{\xi}+\boldsymbol{\eta}_1,\boldsymbol{\xi}+\boldsymbol{\eta}_2,\boldsymbol{\xi}+\boldsymbol{\eta}_3$ 可以相互线性表示，即 $\boldsymbol{\eta}_1,\boldsymbol{\eta}_2,\boldsymbol{\eta}_3,\boldsymbol{\xi}$ 与 $\boldsymbol{\xi},\boldsymbol{\xi}+\boldsymbol{\eta}_1,\boldsymbol{\xi}+\boldsymbol{\eta}_2,\boldsymbol{\xi}+\boldsymbol{\eta}_3$ 等价，因而 $\mathrm{r}\{\boldsymbol{\xi},\boldsymbol{\xi}+\boldsymbol{\eta}_1,\boldsymbol{\xi}+\boldsymbol{\eta}_2,\boldsymbol{\xi}+\boldsymbol{\eta}_3\}=\mathrm{r}\{\boldsymbol{\eta}_1,\boldsymbol{\eta}_2,\boldsymbol{\eta}_3,\boldsymbol{\xi}\}=4$. 可见 $\boldsymbol{\xi},\boldsymbol{\xi}+\boldsymbol{\eta}_1,\boldsymbol{\xi}+\boldsymbol{\eta}_2,\boldsymbol{\xi}+\boldsymbol{\eta}_3$ 线性无关.

6. 扫描题目右侧二维码，观看视频.

7. 扫描题目右侧二维码，观看视频中的注④讲解.

8. ($\Rightarrow$)若 $\mathrm{r}(\boldsymbol{AB})=\mathrm{r}(\boldsymbol{B})=t$，则 $\boldsymbol{ABx}=\mathbf{0}$与 $\boldsymbol{Bx}=\mathbf{0}$都只有零解，可见 $\boldsymbol{ABx}=\mathbf{0}$与 $\boldsymbol{Bx}=\mathbf{0}$同解.

若 $\mathrm{r}(\boldsymbol{AB})=\mathrm{r}(\boldsymbol{B})=r<t$，设 $\boldsymbol{\xi}_1,\boldsymbol{\xi}_2,\cdots,\boldsymbol{\xi}_{t-r}$为 $\boldsymbol{Bx}=\mathbf{0}$的一个基础解系，

则由 $\boldsymbol{B\xi}_1=\boldsymbol{B\xi}_2=\cdots=\boldsymbol{B\xi}_{t-r}=\mathbf{0}$可得 $\boldsymbol{AB\xi}_1=\boldsymbol{AB\xi}_2=\cdots=\boldsymbol{AB\xi}_{t-r}=\mathbf{0}$，

这意味着 $\boldsymbol{\xi}_1,\boldsymbol{\xi}_2,\cdots,\boldsymbol{\xi}_{t-r}$为 $\boldsymbol{ABx}=\mathbf{0}$的 $t-r$ 个线性无关的解，

于是由第 6 题可知 $\boldsymbol{\xi}_1,\boldsymbol{\xi}_2,\cdots,\boldsymbol{\xi}_{t-r}$也是 $\boldsymbol{ABx}=\mathbf{0}$的一个基础解系，因而 $\boldsymbol{ABx}=\mathbf{0}$与 $\boldsymbol{Bx}=\mathbf{0}$同解.

(⇐)若 $ABx=0$ 与 $Bx=0$ 同解，则由 $t-r(AB)=t-r(B)$ 可得 $r(AB)=r(B)$.

9. 扫描题目右侧二维码，观看视频中的例 4 讲解.

10. (1) √； (2) ×； (3) ×； (4) ×； (5) √； (6) √； (7) ×； (8) √； (9) √； (10) √.

思考题

(1) 当 $s=1$ 时，由于 A_1 是 n 列的非零矩阵，比如说 A_1 的第 j 列非零，

于是取 n 维列向量 $\xi=e_j=(0,\cdots,1,\cdots,0)^T$ 即可.

(2) 当 $s=2$ 时，由于 A_1 是 n 列的非零矩阵，故存在 n 维列向量 α 使得 $A_1\alpha\neq 0$，

此时若 $A_2\alpha\neq 0$，则取 $\xi=\alpha$ 即可.

若 $A_2\alpha=0$，可另取 n 维列向量 β 使得 $A_2\beta\neq 0$，若 $A_1\beta\neq 0$，则取 $\xi=\beta$ 即可；

若 $A_1\beta=0$，则取 $\xi=\alpha+\beta$ 即可使得

$$A_1\xi=A_1(\alpha+\beta)=A_1\alpha+A_1\beta=A_1\alpha+0=A_1\alpha\neq 0,$$

$$A_2\xi=A_2(\alpha+\beta)=A_2\alpha+A_2\beta=0+A_2\beta=A_2\beta\neq 0.$$

(3) 当 $s>2$ 时，假设存在 n 维列向量 α 使得 $A_1\alpha,A_2\alpha,\cdots,A_{s-1}\alpha$ 均非零，

此时若 $A_s\alpha\neq 0$，则取 $\xi=\alpha$ 即可.

若 $A_s\alpha=0$，可另取 n 维列向量 β 使得 $A_s\beta\neq 0$，于是

① 对于任意的实数 k，$A_s(k\alpha+\beta)=kA_s\alpha+A_s\beta=A_s\beta\neq 0$.

② 对于任意的 $i=1,2,\cdots,s-1$，至多只有一个数 k_i 使得 $A_i(k_i\alpha+\beta)=0$.

否则有 $l_i\neq k_i$ 使得 $A_i(l_i\alpha+\beta)=0$，

于是由 $(l_i-k_i)A_i\alpha=A_i[(l_i\alpha+\beta)-(k_i\alpha+\beta)]=0$ 以及 $l_i-k_i\neq 0$ 可得 $A_i\alpha=0$，矛盾！

现在取实数 $k\notin\{k_i \mid A_i(k_i\alpha+\beta)=0\}$，$\xi=k\alpha+\beta$，则 $A_1\xi,A_2\xi,\cdots,A_s\xi$ 均非零.

教学周十一　线性方程组(2)和矩阵的特征值与特征向量(1)

课后练习

1. (1) $x=k_1\begin{bmatrix}1\\0\\2\\0\end{bmatrix}+k_2\begin{bmatrix}0\\1\\3\\0\end{bmatrix}+k_3\begin{bmatrix}0\\0\\-5\\1\end{bmatrix}+\begin{bmatrix}0\\0\\-1\\0\end{bmatrix}$，其中 k_1,k_2,k_3 为任意数；

(2) $x=k_1\begin{bmatrix}7\\-11\\1\\0\end{bmatrix}+k_2\begin{bmatrix}-6\\10\\0\\1\end{bmatrix}+\begin{bmatrix}0\\2\\0\\0\end{bmatrix}+$，其中 k_1,k_2 为任意数.

2. 当 $\lambda\neq -3$ 且 $\lambda\neq 1$ 时，无论 μ 取何值，方程组都有唯一解.

当 $\lambda=\mu=-3$ 时，方程组有无穷多解，通解为 $x=k\begin{bmatrix}1\\1\\1\\1\end{bmatrix}+\begin{bmatrix}-1\\-1\\-1\\0\end{bmatrix}$，其中 k 为任意数；

当 $\lambda=\mu=1$ 时，方程组有无穷多解，通解为 $x=k_1\begin{bmatrix}-1\\1\\0\\0\end{bmatrix}+k_2\begin{bmatrix}-1\\0\\1\\0\end{bmatrix}+k_3\begin{bmatrix}-1\\0\\0\\1\end{bmatrix}+\begin{bmatrix}1\\0\\0\\0\end{bmatrix}$，其中 k_1,k_2,k_3 为任意数.

3. $\boldsymbol{x}=k\begin{bmatrix}-1\\3\\2\\4\end{bmatrix}+\begin{bmatrix}1\\2\\3\\4\end{bmatrix}$，其中 k 为任意数.

4. (⇒)因为 $\boldsymbol{A}$ 为 $m\times n$ 矩阵，若 $\boldsymbol{A}$ 的行向量组线性无关，则 $\mathrm{r}(\boldsymbol{A})=m$. 于是对于任意的 m 维列向量 $\boldsymbol{b}$，由

$$\mathrm{r}(\boldsymbol{A})\leqslant \mathrm{r}(\boldsymbol{A},\boldsymbol{b})\leqslant m \quad 可得 \quad \mathrm{r}(\boldsymbol{A})=\mathrm{r}(\boldsymbol{A},\boldsymbol{b}),$$

所以 $\boldsymbol{Ax}=\boldsymbol{b}$ 有解，即 $\boldsymbol{b}$ 都能由 $\boldsymbol{A}$ 的列向量组线性表示.

(⇐)若任意的 m 维列向量 $\boldsymbol{b}$ 都能由 $\boldsymbol{A}$ 的列向量组线性表示，则 m 维列向量

$$\boldsymbol{e}_1=(1,0,\cdots,0)^{\mathrm{T}},\quad \boldsymbol{e}_2=(0,1,\cdots,0)^{\mathrm{T}},\quad \cdots,\quad \boldsymbol{e}_m=(0,0,\cdots,1)^{\mathrm{T}}$$

都能由 $\boldsymbol{A}$ 的列向量组线性表示，故存在 $\boldsymbol{\eta}_1,\boldsymbol{\eta}_2,\cdots,\boldsymbol{\eta}_m$，使得

$$\boldsymbol{A}(\boldsymbol{\eta}_1,\boldsymbol{\eta}_2,\cdots,\boldsymbol{\eta}_m)=(\boldsymbol{A\eta}_1,\boldsymbol{A\eta}_2,\cdots,\boldsymbol{A\eta}_m)=(\boldsymbol{e}_1,\boldsymbol{e}_2,\cdots,\boldsymbol{e}_m)=\boldsymbol{E}_m.$$

于是由 $m=\mathrm{r}(\boldsymbol{E}_m)\leqslant \mathrm{r}(\boldsymbol{A})\leqslant m$ 可得 $\mathrm{r}(\boldsymbol{A})=m$，故 $\boldsymbol{A}$ 的行向量组线性无关.

5. $\boldsymbol{x}=\begin{bmatrix}4/7\\-5/14\end{bmatrix}$.

6. 因为矩阵 $\boldsymbol{A}_1$ 与 $\boldsymbol{B}_1$ 相似，$\boldsymbol{A}_2$ 与 $\boldsymbol{B}_2$ 相似，所以存在可逆矩阵 $\boldsymbol{P}_1,\boldsymbol{P}_2$ 使得

$$\boldsymbol{P}_1^{-1}\boldsymbol{A}_1\boldsymbol{P}_1=\boldsymbol{B}_1,\quad \boldsymbol{P}_2^{-1}\boldsymbol{A}_2\boldsymbol{P}_2=\boldsymbol{B}_2.$$

令 $\boldsymbol{P}=\begin{bmatrix}\boldsymbol{P}_1 & \boldsymbol{O}\\ \boldsymbol{O} & \boldsymbol{P}_2\end{bmatrix}$，则 $|\boldsymbol{P}|=|\boldsymbol{P}_1||\boldsymbol{P}_2|\neq 0$，故 $\boldsymbol{P}$ 可逆而且 $\boldsymbol{P}^{-1}=\begin{bmatrix}\boldsymbol{P}_1^{-1} & \boldsymbol{O}\\ \boldsymbol{O} & \boldsymbol{P}_2^{-1}\end{bmatrix}$，则

$$\boldsymbol{P}^{-1}\begin{bmatrix}\boldsymbol{A}_1 & \boldsymbol{O}\\ \boldsymbol{O} & \boldsymbol{A}_2\end{bmatrix}\boldsymbol{P}=\begin{bmatrix}\boldsymbol{P}_1^{-1} & \boldsymbol{O}\\ \boldsymbol{O} & \boldsymbol{P}_2^{-1}\end{bmatrix}\begin{bmatrix}\boldsymbol{A}_1 & \boldsymbol{O}\\ \boldsymbol{O} & \boldsymbol{A}_2\end{bmatrix}\begin{bmatrix}\boldsymbol{P}_1 & \boldsymbol{O}\\ \boldsymbol{O} & \boldsymbol{P}_2\end{bmatrix}=\begin{bmatrix}\boldsymbol{P}_1^{-1}\boldsymbol{A}_1\boldsymbol{P}_1 & \boldsymbol{O}\\ \boldsymbol{O} & \boldsymbol{P}_2^{-1}\boldsymbol{A}_2\boldsymbol{P}_2\end{bmatrix}=\begin{bmatrix}\boldsymbol{B}_1 & \boldsymbol{O}\\ \boldsymbol{O} & \boldsymbol{B}_2\end{bmatrix},$$

可见 $\begin{bmatrix}\boldsymbol{A}_1 & \boldsymbol{O}\\ \boldsymbol{O} & \boldsymbol{A}_2\end{bmatrix}$ 与 $\begin{bmatrix}\boldsymbol{B}_1 & \boldsymbol{O}\\ \boldsymbol{O} & \boldsymbol{B}_2\end{bmatrix}$ 相似.

7. $a=1,\lambda=3$.

8. (1) 对应于 $\lambda=1$ 的特征向量为 $k\begin{bmatrix}-1\\-2\\1\end{bmatrix}$，$k\neq 0$；对应于 $\lambda=2$ 的特征向量为 $k\begin{bmatrix}0\\0\\1\end{bmatrix}$，$k\neq 0$.

(2) 对应于 $\lambda=0$ 的特征向量为 $k\begin{bmatrix}-1\\-1\\1\end{bmatrix}$，$k\neq 0$；对应于 $\lambda=-1$ 的特征向量为 $k\begin{bmatrix}-1\\1\\0\end{bmatrix}$，$k\neq 0$；

对应于 $\lambda=9$ 的特征向量为 $k\begin{bmatrix}1\\1\\2\end{bmatrix}$，$k\neq 0$.

9. 设 $\boldsymbol{\alpha},\boldsymbol{\beta}$ 都是矩阵 $\boldsymbol{A}$ 的特征向量，它们对应的特征值分别为 λ_1,λ_2.

假若 $\boldsymbol{\alpha}+\boldsymbol{\beta}$ 也是矩阵 $\boldsymbol{A}$ 的特征向量，设 $\boldsymbol{A}(\boldsymbol{\alpha}+\boldsymbol{\beta})=\lambda(\boldsymbol{\alpha}+\boldsymbol{\beta})$. 于是由

$$\lambda_1\boldsymbol{\alpha}+\lambda_2\boldsymbol{\beta}=\boldsymbol{A\alpha}+\boldsymbol{A\beta}=\boldsymbol{A}(\boldsymbol{\alpha}+\boldsymbol{\beta})=\lambda(\boldsymbol{\alpha}+\boldsymbol{\beta})=\lambda\boldsymbol{\alpha}+\lambda\boldsymbol{\beta} \quad 可得 \quad (\lambda-\lambda_1)\boldsymbol{\alpha}+(\lambda-\lambda_2)\boldsymbol{\beta}=\boldsymbol{0}.$$

又因为 $\lambda_1\neq\lambda_2$，所以 $\boldsymbol{\alpha},\boldsymbol{\beta}$ 线性无关，故 $\lambda-\lambda_1=\lambda-\lambda_2=0$，由此可得 $\lambda_1=\lambda=\lambda_2$，与 $\lambda_1\neq\lambda_2$ 矛盾！

此矛盾表明 $\boldsymbol{\alpha}+\boldsymbol{\beta}$ 不是矩阵 $\boldsymbol{A}$ 的特征向量.

10. (1) ×； (2) ×； (3) ×； (4) √； (5) ×； (6) √； (7) √； (8) √； (9) √； (10) ×.

思考题

扫描题目右侧二维码，观看视频中的例 2 的讲解.

教学周十二　矩阵的特征值与特征向量(2)

课后练习

1. $\boldsymbol{A}$ 不可以相似对角化,因为 $\boldsymbol{A}$ 只有 2 个线性无关的特征向量.

2. $\boldsymbol{P}=\begin{bmatrix}1&4&13\\0&1&5\\0&0&1\end{bmatrix}$,$\boldsymbol{P}^{-1}\boldsymbol{AP}=\boldsymbol{\Lambda}=\begin{bmatrix}1&0&0\\0&2&0\\0&0&3\end{bmatrix}$.　3. $\boldsymbol{A}$ 可以相似对角化,$\boldsymbol{A}\sim\boldsymbol{\Lambda}=\begin{bmatrix}1&0&0\\0&3&0\\0&0&-2\end{bmatrix}$.

4. $-4,-2,8$;$|\boldsymbol{B}|=64$;$\mathrm{tr}(\boldsymbol{B})=2$.　5. (1) $x=0,y=-2$;　(2) $\boldsymbol{P}=\begin{bmatrix}0&0&-1\\-2&1&0\\1&1&1\end{bmatrix}$.

6. $\boldsymbol{Q}=\begin{bmatrix}\frac{\sqrt{2}}{2}&-\frac{\sqrt{6}}{6}&-\frac{\sqrt{3}}{3}\\0&\frac{\sqrt{6}}{3}&-\frac{\sqrt{3}}{3}\\\frac{\sqrt{2}}{2}&\frac{\sqrt{6}}{6}&\frac{\sqrt{3}}{3}\end{bmatrix}$,$\boldsymbol{Q}^{-1}\boldsymbol{AQ}=\boldsymbol{\Lambda}=\begin{bmatrix}1&0&0\\0&1&0\\0&0&-2\end{bmatrix}$.　7. $\boldsymbol{A}=\begin{bmatrix}-\frac{1}{3}&0&\frac{2}{3}\\0&\frac{1}{3}&\frac{2}{3}\\\frac{2}{3}&\frac{2}{3}&0\end{bmatrix}$.

8. $\boldsymbol{A}$ 的特征多项式为$(\lambda-1)(\lambda-3)^2$;$f(\boldsymbol{A})=\begin{bmatrix}0&-3&-2\\-1&-2&-2\\-1&3&1\end{bmatrix}$.

9. $\boldsymbol{A}$ 的最小多项式为$(\lambda-2)(\lambda+1)$;$\boldsymbol{A}^{10}=\begin{bmatrix}-340&341&341\\0&1024&0\\-1364&341&1365\end{bmatrix}$.

10. (1) √;　(2) ×;　(3) √;　(4) √;　(5) √;　(6) √;　(7) √;　(8) ×;　(9) ×;　(10) √.

思考题

扫描题目右侧二维码,观看视频中的例 3 讲解.

教学周十三　矩阵的特征值与特征向量(3)

课后练习

1. $\begin{bmatrix}1&&&&\\&1&&&\\&&1&&\\&&&-2&\\&&&&-2\end{bmatrix}$,$\begin{bmatrix}1&&&&\\&1&1&&\\&&1&&\\&&&-2&\\&&&&-2\end{bmatrix}$,$\begin{bmatrix}1&1&&&\\&1&1&&\\&&1&&\\&&&-2&\\&&&&-2\end{bmatrix}$,

$\begin{bmatrix}1&&&&\\&1&&&\\&&1&&\\&&&-2&1\\&&&&-2\end{bmatrix}$,$\begin{bmatrix}1&&&&\\&1&1&&\\&&1&&\\&&&-2&1\\&&&&-2\end{bmatrix}$,$\begin{bmatrix}1&1&&&\\&1&1&&\\&&1&&\\&&&-2&1\\&&&&-2\end{bmatrix}$.

2. (1) $a=b=0$; (2) $\boldsymbol{A}\sim\boldsymbol{J}=\begin{bmatrix}2&1&0\\0&2&1\\0&0&2\end{bmatrix}$. **3.** (1) $a=3$; (2) $\boldsymbol{A}\sim\boldsymbol{J}=\begin{bmatrix}3&1\\0&3\end{bmatrix}$, $\boldsymbol{P}=\begin{bmatrix}3&0\\0&1\end{bmatrix}$.

4. $\boldsymbol{A}\sim\boldsymbol{J}=\begin{bmatrix}1&1&0\\0&1&1\\0&0&1\end{bmatrix}\sim\boldsymbol{J}^2\sim\boldsymbol{A}^2$. (扫描题目右侧二维码,观看视频)

5. (1) 设 $k_1\boldsymbol{\alpha}+k_2\boldsymbol{A\alpha}+k_3\boldsymbol{A}^2\boldsymbol{\alpha}=\boldsymbol{0}$,则由 $\boldsymbol{A}^3\boldsymbol{\alpha}=\boldsymbol{0}$可得

$$k_1\boldsymbol{A}^2\boldsymbol{\alpha}=k_1\boldsymbol{A}^2\boldsymbol{\alpha}+k_2\boldsymbol{A}^3\boldsymbol{\alpha}+k_3\boldsymbol{A}^4\boldsymbol{\alpha}=\boldsymbol{A}^2(k_1\boldsymbol{\alpha}+k_2\boldsymbol{A\alpha}+k_3\boldsymbol{A}^2\boldsymbol{\alpha})=\boldsymbol{0},$$

又因为 $\boldsymbol{A}^2\boldsymbol{\alpha}\neq\boldsymbol{0}$,所以 $k_1=0$;于是可得 $k_2\boldsymbol{A\alpha}+k_3\boldsymbol{A}^2\boldsymbol{\alpha}=\boldsymbol{0}$,进而由

$$k_2\boldsymbol{A}^2\boldsymbol{\alpha}=k_2\boldsymbol{A}^2\boldsymbol{\alpha}+k_3\boldsymbol{A}^3\boldsymbol{\alpha}=\boldsymbol{A}(k_2\boldsymbol{A\alpha}+k_3\boldsymbol{A}^2\boldsymbol{\alpha})=\boldsymbol{0}$$

可得 $k_2=0$;再由 $k_3\boldsymbol{A}^2\boldsymbol{\alpha}=\boldsymbol{0}$可得 $k_3=0$.

可见 $\boldsymbol{\alpha},\boldsymbol{A\alpha},\boldsymbol{A}^2\boldsymbol{\alpha}$ 线性无关.

(2) 令 $\boldsymbol{P}=(\boldsymbol{A}^2\boldsymbol{\alpha},\boldsymbol{A\alpha},\boldsymbol{\alpha})$,则由(1)可知 $\mathrm{r}(\boldsymbol{P})=3$,故 $\boldsymbol{P}$ 可逆,而且

$$\boldsymbol{AP}=\boldsymbol{A}(\boldsymbol{A}^2\boldsymbol{\alpha},\boldsymbol{A\alpha},\boldsymbol{\alpha})=(\boldsymbol{A}^3\boldsymbol{\alpha},\boldsymbol{A}^2\boldsymbol{\alpha},\boldsymbol{A\alpha})=(\boldsymbol{0},\boldsymbol{A}^2\boldsymbol{\alpha},\boldsymbol{A\alpha})=(\boldsymbol{A}^2\boldsymbol{\alpha},\boldsymbol{A\alpha},\boldsymbol{\alpha})\begin{bmatrix}0&1&0\\0&0&1\\0&0&0\end{bmatrix}=\boldsymbol{PJ},$$

故 $\boldsymbol{P}^{-1}\boldsymbol{AP}=\boldsymbol{J}=\begin{bmatrix}0&1&0\\0&0&1\\0&0&0\end{bmatrix}$. 可见 $\boldsymbol{A}$ 的 Jordan 标准形 $\boldsymbol{J}=\begin{bmatrix}0&1&0\\0&0&1\\0&0&0\end{bmatrix}$.

6. $(\lambda-2)^3$. **7.** $\lambda^2(\lambda-2)^3$.

8. (1) √; (2) ×; (3) √; (4) √; (5) √; (6) √; (7) √; (8) √; (9) √; (10) √.

思考题

扫描题目右侧二维码,观看视频中的例 5 讲解.

教学周十四　二次型(1)

课后练习

1. (1) $\begin{bmatrix}1&1&2\\1&1&1\\2&1&3\end{bmatrix}$; (2) $\begin{bmatrix}a_1^2&a_1a_2&a_1a_3\\a_1a_2&a_2^2&a_2a_3\\a_1a_3&a_2a_3&a_3^2\end{bmatrix}$; (3) $\begin{bmatrix}2&1&1\\1&2&-1\\1&-1&2\end{bmatrix}$.

2. 令 $\begin{cases}x_1=y_1-\dfrac{1}{2}y_2-y_3,\\x_2=y_2+y_3,\\x_3=y_3,\end{cases}$ 即 $\begin{bmatrix}x_1\\x_2\\x_3\end{bmatrix}=\begin{bmatrix}1&-\dfrac{1}{2}&-1\\0&1&1\\0&0&1\end{bmatrix}\begin{bmatrix}y_1\\y_2\\y_3\end{bmatrix}$,则 $f(x_1,x_2,x_3)=2y_1^2+\dfrac{3}{2}y_2^2$.

3. 令 $\begin{cases}x_1=z_1+z_2-z_3,\\x_2=z_1-z_2-z_3,\\x_3=z_3,\end{cases}$ 即 $\begin{bmatrix}x_1\\x_2\\x_3\end{bmatrix}=\begin{bmatrix}1&1&-1\\1&-1&-1\\0&0&1\end{bmatrix}\begin{bmatrix}z_1\\z_2\\z_3\end{bmatrix}$,则 $f(x_1,x_2,x_3)=z_1^2-z_2^2-z_3^2$.

4. (1) 令 $\boldsymbol{x}=\boldsymbol{Qy}$,其中 $\boldsymbol{Q}=\begin{bmatrix}-\dfrac{2}{3}&-\dfrac{1}{3}&\dfrac{2}{3}\\-\dfrac{2}{3}&\dfrac{2}{3}&-\dfrac{1}{3}\\\dfrac{1}{3}&\dfrac{2}{3}&\dfrac{2}{3}\end{bmatrix}$,则 $f(x_1,x_2,x_3)=5y_1^2+2y_2^2-y_3^2$;

(2) 最大值为 5,最小值为 -1.

5. $a=2,\boldsymbol{Q}=\begin{bmatrix} 0 & 1 & 0 \\ -\frac{\sqrt{2}}{2} & 0 & \frac{\sqrt{2}}{2} \\ \frac{\sqrt{2}}{2} & 0 & \frac{\sqrt{2}}{2} \end{bmatrix}$.

6. 因为实对称矩阵 $\boldsymbol{A}_1$ 与 $\boldsymbol{B}_1$ 合同,$\boldsymbol{A}_2$ 与 $\boldsymbol{B}_2$ 合同,所以存在可逆矩阵 $\boldsymbol{P}_1,\boldsymbol{P}_2$ 使得

$$\boldsymbol{P}_1^{\mathrm{T}}\boldsymbol{A}_1\boldsymbol{P}_1=\boldsymbol{B}_1,\quad \boldsymbol{P}_2^{\mathrm{T}}\boldsymbol{A}_2\boldsymbol{P}_2=\boldsymbol{B}_2.$$

令 $\boldsymbol{P}=\begin{bmatrix} \boldsymbol{P}_1 & \boldsymbol{O} \\ \boldsymbol{O} & \boldsymbol{P}_2 \end{bmatrix}$,则 $|\boldsymbol{P}|=|\boldsymbol{P}_1||\boldsymbol{P}_2|\neq 0$,故 $\boldsymbol{P}$ 可逆而且 $\boldsymbol{P}^{\mathrm{T}}=\begin{bmatrix} \boldsymbol{P}_1^{\mathrm{T}} & \boldsymbol{O} \\ \boldsymbol{O} & \boldsymbol{P}_2^{\mathrm{T}} \end{bmatrix}$,得

$$\boldsymbol{P}^{\mathrm{T}}\begin{bmatrix} \boldsymbol{A}_1 & \boldsymbol{O} \\ \boldsymbol{O} & \boldsymbol{A}_2 \end{bmatrix}\boldsymbol{P}=\begin{bmatrix} \boldsymbol{P}_1^{\mathrm{T}} & \boldsymbol{O} \\ \boldsymbol{O} & \boldsymbol{P}_2^{\mathrm{T}} \end{bmatrix}\begin{bmatrix} \boldsymbol{A}_1 & \boldsymbol{O} \\ \boldsymbol{O} & \boldsymbol{A}_2 \end{bmatrix}\begin{bmatrix} \boldsymbol{P}_1 & \boldsymbol{O} \\ \boldsymbol{O} & \boldsymbol{P}_2 \end{bmatrix}=\begin{bmatrix} \boldsymbol{P}_1^{\mathrm{T}}\boldsymbol{A}_1\boldsymbol{P}_1 & \boldsymbol{O} \\ \boldsymbol{O} & \boldsymbol{P}_2^{\mathrm{T}}\boldsymbol{A}_2\boldsymbol{P}_2 \end{bmatrix}=\begin{bmatrix} \boldsymbol{B}_1 & \boldsymbol{O} \\ \boldsymbol{O} & \boldsymbol{B}_2 \end{bmatrix},$$

可见 $\begin{bmatrix} \boldsymbol{A}_1 & \boldsymbol{O} \\ \boldsymbol{O} & \boldsymbol{A}_2 \end{bmatrix}$ 与 $\begin{bmatrix} \boldsymbol{B}_1 & \boldsymbol{O} \\ \boldsymbol{O} & \boldsymbol{B}_2 \end{bmatrix}$ 合同.

7. 提示:$\begin{bmatrix} \boldsymbol{O} & \boldsymbol{E} \\ \boldsymbol{E} & \boldsymbol{O} \end{bmatrix}\begin{bmatrix} \boldsymbol{A} & \boldsymbol{O} \\ \boldsymbol{O} & \boldsymbol{B} \end{bmatrix}\begin{bmatrix} \boldsymbol{O} & \boldsymbol{E} \\ \boldsymbol{E} & \boldsymbol{O} \end{bmatrix}=\begin{bmatrix} \boldsymbol{B} & \boldsymbol{O} \\ \boldsymbol{O} & \boldsymbol{A} \end{bmatrix}$.

8. (1) √; (2) √; (3) √; (4) ×; (5) √; (6) √; (7) √; (8) √; (9) ×; (10) √.

思考题

扫描题目右侧二维码,观看视频.

教学周十五　二次型(2)

课后练习

1. (1) $p=2,q=1,f(x_1,x_2,x_3)=y_1^2+y_2^2-y_3^2$;(2) $p=1,q=0,f(x_1,x_2,x_3)=y_1^2$;
(3) $p=2,q=0,f(x_1,x_2,x_3)=y_1^2+y_2^2$.

2. 设 $\boldsymbol{A}$ 为 $m\times n$ 实矩阵,则当 $\lambda>0$ 时,$\boldsymbol{B}=\lambda\boldsymbol{E}+\boldsymbol{A}^{\mathrm{T}}\boldsymbol{A}$ 为 n 阶实对称矩阵,
而且对于任意的非零的 n 维实列向量 $\boldsymbol{x}$,有 $\boldsymbol{x}^{\mathrm{T}}\boldsymbol{B}\boldsymbol{x}=\lambda\boldsymbol{x}^{\mathrm{T}}\boldsymbol{E}\boldsymbol{x}+\boldsymbol{x}^{\mathrm{T}}\boldsymbol{A}^{\mathrm{T}}\boldsymbol{A}\boldsymbol{x}=\lambda\|\boldsymbol{x}\|^2+\|\boldsymbol{A}\boldsymbol{x}\|^2>0$,
故 $\boldsymbol{B}$ 为正定矩阵.

3. 设 $\boldsymbol{A}$ 为 n 阶正定矩阵,则 $\boldsymbol{A}$ 的特征值 $\lambda_1,\lambda_2,\cdots,\lambda_n$ 全为正数,
可得 $\boldsymbol{A}$ 的伴随矩阵 $\boldsymbol{A}^*$ 为 n 阶实对称矩阵,而且它的 n 个特征值

$$\lambda_1^{-1}|\boldsymbol{A}|,\quad \lambda_2^{-1}|\boldsymbol{A}|,\quad \cdots,\quad \lambda_n^{-1}|\boldsymbol{A}|$$

全为正数,故 $\boldsymbol{A}^*$ 为正定矩阵.

4. $-2<k<1$.　**5.** $\boldsymbol{\Lambda}=\begin{bmatrix} k^2 & 0 & 0 \\ 0 & (k+2)^2 & 0 \\ 0 & 0 & (k+2)^2 \end{bmatrix}$;$k\neq 0$ 且 $k\neq -2$.

6. 扫描题目右侧二维码,观看视频中的例 3 讲解.

7. $\boldsymbol{B}=\begin{bmatrix} -\frac{\sqrt{2}}{2} & \frac{\sqrt{2}}{2} \\ \frac{\sqrt{2}}{2} & \frac{\sqrt{2}}{2} \end{bmatrix}\begin{bmatrix} 1 & 0 \\ 0 & \sqrt{3} \end{bmatrix}\begin{bmatrix} -\frac{\sqrt{2}}{2} & \frac{\sqrt{2}}{2} \\ \frac{\sqrt{2}}{2} & \frac{\sqrt{2}}{2} \end{bmatrix}=\begin{bmatrix} \frac{1+\sqrt{3}}{2} & \frac{-1+\sqrt{3}}{2} \\ \frac{-1+\sqrt{3}}{2} & \frac{1+\sqrt{3}}{2} \end{bmatrix}$.

8. (1) √; (2) √; (3) √; (4) √; (5) √; (6) √; (7) √; (8) √; (9) √; (10) √.

思考题

扫描题目右侧二维码,观看视频.

教学周十六　线性空间

课后练习

1. V 的一组基为$\begin{bmatrix}1&0\\0&0\end{bmatrix},\begin{bmatrix}0&1\\0&0\end{bmatrix},\begin{bmatrix}0&0\\1&0\end{bmatrix},\begin{bmatrix}0&0\\0&1\end{bmatrix}$;坐标为$(1,0,2,-3)^T$.

2. V 的一组基为$\begin{bmatrix}1&0\\0&0\end{bmatrix},\begin{bmatrix}0&0\\1&0\end{bmatrix},\begin{bmatrix}0&0\\0&1\end{bmatrix}$;坐标为$(1,2,-3)^T$.

3. V 的一组基为$\begin{bmatrix}1&0\\0&0\end{bmatrix},\begin{bmatrix}0&1\\1&0\end{bmatrix},\begin{bmatrix}0&0\\0&1\end{bmatrix}$;坐标为$(1,2,-3)^T$.

4. V 的一组基为x^2,xy,y^2;坐标为$(1,-4,0)^T$.　**5.** V 的一组基为$x^2,x,1$;坐标为$(1,-4,4)^T$.

6. (1) √;　(2) ×;　(3) √;　(4) √;　(5) √;　(6) √;　(7) ×;　(8) √;　(9) √;　(10) √.

思考题

扫描题目右侧二维码,观看视频.

期末试题一

一、填空题

1. $\begin{bmatrix}1&2021&0\\0&1&0\\0&0&-1\end{bmatrix}$.　**2.** -20.　**3.** 12.　**4.** $\begin{bmatrix}0&0&1\\0&1&0\\1&0&0\end{bmatrix}$.　**5.** -1.　**6.** 2.　**7.** 2.　**8.** $(1,1,1)^T$.

9. 0.　**10.** $t>0$.

二、计算题

1. 因为 $\boldsymbol{AX}+\boldsymbol{B}=2\boldsymbol{X}\Leftrightarrow(\boldsymbol{A}-2\boldsymbol{E})\boldsymbol{X}=-\boldsymbol{B}$,又

$$(\boldsymbol{A}-2\boldsymbol{E},-\boldsymbol{B})=\begin{bmatrix}-1&0&0&0&-1&0\\0&-2&2&-2&0&-4\\0&3&-2&0&-3&0\end{bmatrix}\xrightarrow[r_2\times\left(-\frac{1}{2}\right)]{r_1\times(-1)}\begin{bmatrix}1&0&0&0&1&0\\0&1&-1&1&0&2\\0&3&-2&0&-3&0\end{bmatrix}$$

$$\xrightarrow{r_3+r_2\times(-3)}\begin{bmatrix}1&0&0&0&1&0\\0&1&-1&1&0&2\\0&0&1&-3&-3&-6\end{bmatrix}\xrightarrow{r_2+r_3}\begin{bmatrix}1&0&0&0&1&0\\0&1&0&-2&-3&-4\\0&0&1&-3&-3&-6\end{bmatrix}.$$

由此可见 $\boldsymbol{A}-2\boldsymbol{E}$ 可逆,而且

$$\boldsymbol{AX}+\boldsymbol{B}=2\boldsymbol{X}\Leftrightarrow(\boldsymbol{A}-2\boldsymbol{E})\boldsymbol{X}=-\boldsymbol{B}\Leftrightarrow\boldsymbol{X}=-(\boldsymbol{A}-2\boldsymbol{E})^{-1}\boldsymbol{B}=\begin{bmatrix}0&1&0\\-2&-3&-4\\-3&-3&-6\end{bmatrix}.$$

2. (1) $\boldsymbol{\alpha}_1=\begin{bmatrix}1\\2\\3\end{bmatrix},\boldsymbol{\alpha}_2=\begin{bmatrix}1\\0\\1\end{bmatrix},\boldsymbol{\alpha}_3=\begin{bmatrix}0\\2\\a\end{bmatrix}$线性相关$\Leftrightarrow\begin{vmatrix}1&1&0\\2&0&2\\3&1&a\end{vmatrix}=0\Leftrightarrow 4-2a=0\Leftrightarrow a=2$.

(2) $(\boldsymbol{\alpha}_1,\boldsymbol{\alpha}_2,\boldsymbol{\alpha}_3)=\begin{bmatrix}1&1&0\\2&0&2\\3&1&2\end{bmatrix}\xrightarrow[r_3+r_1\times(-3)]{r_2+r_1\times(-2)}\begin{bmatrix}1&1&0\\0&-2&2\\0&-2&2\end{bmatrix}$

$$\xrightarrow{r_3+r_2\times(-1)}\begin{bmatrix}1&1&0\\0&-2&2\\0&0&0\end{bmatrix}\xrightarrow{r_2\times\left(-\frac{1}{2}\right)}\begin{bmatrix}1&1&0\\0&1&-1\\0&0&0\end{bmatrix}\xrightarrow{r_1+r_2\times(-1)}\begin{bmatrix}1&0&1\\0&1&-1\\0&0&0\end{bmatrix}.$$

由此可见 $\boldsymbol{\alpha}_1,\boldsymbol{\alpha}_2$ 为 $\boldsymbol{\alpha}_1,\boldsymbol{\alpha}_2,\boldsymbol{\alpha}_3$ 的一个极大无关组,而且 $\boldsymbol{\alpha}_3=\boldsymbol{\alpha}_1-\boldsymbol{\alpha}_2$.

3. (1) 令 $\boldsymbol{\beta}_1=\boldsymbol{\alpha}_1=\begin{bmatrix}1\\1\\1\end{bmatrix}$,则

$$\boldsymbol{\beta}_2=\boldsymbol{\alpha}_2-\frac{\langle\boldsymbol{\alpha}_2,\boldsymbol{\beta}_1\rangle}{\langle\boldsymbol{\beta}_1,\boldsymbol{\beta}_1\rangle}\boldsymbol{\beta}_1=\begin{bmatrix}0\\1\\-1\end{bmatrix},\quad \boldsymbol{\beta}_3=\boldsymbol{\alpha}_3-\frac{\langle\boldsymbol{\alpha}_3,\boldsymbol{\beta}_2\rangle}{\langle\boldsymbol{\beta}_2,\boldsymbol{\beta}_2\rangle}\boldsymbol{\beta}_2-\frac{\langle\boldsymbol{\alpha}_3,\boldsymbol{\beta}_1\rangle}{\langle\boldsymbol{\beta}_1,\boldsymbol{\beta}_1\rangle}\boldsymbol{\beta}_1=\begin{bmatrix}-1/3\\1/6\\1/6\end{bmatrix},$$

$$\boldsymbol{q}_1=\frac{\boldsymbol{\beta}_1}{\|\boldsymbol{\beta}_1\|}=\begin{bmatrix}1/\sqrt{3}\\1/\sqrt{3}\\1/\sqrt{3}\end{bmatrix},\quad \boldsymbol{q}_2=\frac{\boldsymbol{\beta}_2}{\|\boldsymbol{\beta}_2\|}=\begin{bmatrix}0\\1/\sqrt{2}\\-1/\sqrt{2}\end{bmatrix},\quad \boldsymbol{q}_3=\frac{\boldsymbol{\beta}_3}{\|\boldsymbol{\beta}_3\|}=\begin{bmatrix}-2/\sqrt{6}\\1/\sqrt{6}\\1/\sqrt{6}\end{bmatrix},$$

则 $\boldsymbol{q}_1,\boldsymbol{q}_2,\boldsymbol{q}_3$ 是与 $\boldsymbol{\alpha}_1,\boldsymbol{\alpha}_2,\boldsymbol{\alpha}_3$ 等价的标准正交向量组.

(2) 由(1)可知 $\boldsymbol{A}=(\boldsymbol{q}_1,\boldsymbol{q}_2,\boldsymbol{q}_3)\begin{bmatrix}\|\boldsymbol{\beta}_1\|&0&0\\0&\|\boldsymbol{\beta}_2\|&0\\0&0&\|\boldsymbol{\beta}_3\|\end{bmatrix}\begin{bmatrix}1&\frac{\langle\boldsymbol{\alpha}_2,\boldsymbol{\beta}_1\rangle}{\langle\boldsymbol{\beta}_1,\boldsymbol{\beta}_1\rangle}&\frac{\langle\boldsymbol{\alpha}_3,\boldsymbol{\beta}_1\rangle}{\langle\boldsymbol{\beta}_1,\boldsymbol{\beta}_1\rangle}\\0&1&\frac{\langle\boldsymbol{\alpha}_3,\boldsymbol{\beta}_2\rangle}{\langle\boldsymbol{\beta}_2,\boldsymbol{\beta}_2\rangle}\\0&0&1\end{bmatrix}$,

令 $\boldsymbol{Q}=(\boldsymbol{q}_1,\boldsymbol{q}_2,\boldsymbol{q}_3)$,$\boldsymbol{T}=\begin{bmatrix}\|\boldsymbol{\beta}_1\|&\frac{\langle\boldsymbol{\alpha}_2,\boldsymbol{\beta}_1\rangle}{\|\boldsymbol{\beta}_1\|}&\frac{\langle\boldsymbol{\alpha}_3,\boldsymbol{\beta}_1\rangle}{\|\boldsymbol{\beta}_1\|}\\0&\|\boldsymbol{\beta}_2\|&\frac{\langle\boldsymbol{\alpha}_3,\boldsymbol{\beta}_2\rangle}{\|\boldsymbol{\beta}_2\|}\\0&0&\|\boldsymbol{\beta}_3\|\end{bmatrix}=\begin{bmatrix}\sqrt{3}&0&1/\sqrt{3}\\0&\sqrt{2}&-1/\sqrt{2}\\0&0&1/\sqrt{6}\end{bmatrix}$ 即可.

4. (1) $\boldsymbol{\xi},\boldsymbol{A\xi},\boldsymbol{A}^2\boldsymbol{\xi}$ 线性无关.

事实上,若 $k_1\boldsymbol{\xi}+k_2\boldsymbol{A\xi}+k_3\boldsymbol{A}^2\boldsymbol{\xi}=\boldsymbol{0}$,则 $k_1\boldsymbol{A}^2\boldsymbol{\xi}+k_2\boldsymbol{A}^3\boldsymbol{\xi}+k_3\boldsymbol{A}^4\boldsymbol{\xi}=\boldsymbol{A}^2(k_1\boldsymbol{\xi}+k_2\boldsymbol{A\xi}+k_3\boldsymbol{A}^2\boldsymbol{\xi})=\boldsymbol{0}$,

于是由 $\boldsymbol{A}^3\boldsymbol{\xi}=\boldsymbol{0}$ 可得 $k_1\boldsymbol{A}^2\boldsymbol{\xi}=\boldsymbol{0}$. 又因为 $\boldsymbol{A}^2\boldsymbol{\xi}\neq\boldsymbol{0}$,所以 $k_1=0$.

从而由 $k_2\boldsymbol{A}^2\boldsymbol{\xi}=k_2\boldsymbol{A}^2\boldsymbol{\xi}+k_3\boldsymbol{A}^3\boldsymbol{\xi}=\boldsymbol{A}(k_2\boldsymbol{A\xi}+k_3\boldsymbol{A}^2\boldsymbol{\xi})=\boldsymbol{A0}=\boldsymbol{0}$ 可得 $k_2=0$,

进而由 $k_3\boldsymbol{A}^2\boldsymbol{\xi}=\boldsymbol{0}$ 可得 $k_3=0$.

(2) 不存在.

事实上,令 $\boldsymbol{P}=(\boldsymbol{\xi},\boldsymbol{A\xi},\boldsymbol{A}^2\boldsymbol{\xi})$,则由(1)可得 $\boldsymbol{P}$ 可逆,而且

$$\boldsymbol{AP}=(\boldsymbol{A\xi},\boldsymbol{A}^2\boldsymbol{\xi},\boldsymbol{A}^3\boldsymbol{\xi})=(\boldsymbol{A\xi},\boldsymbol{A}^2\boldsymbol{\xi},\boldsymbol{0})=(\boldsymbol{\xi},\boldsymbol{A\xi},\boldsymbol{A}^2\boldsymbol{\xi})\boldsymbol{B}=\boldsymbol{PB},$$

其中 $\boldsymbol{B}=\begin{bmatrix}0&0&0\\1&0&0\\0&1&0\end{bmatrix}$,因而 $\boldsymbol{P}^{-1}\boldsymbol{AP}=\boldsymbol{B}$. 可见 $\boldsymbol{A}$ 与 $\boldsymbol{B}$ 相似.

由于 $\boldsymbol{B}$ 的特征值为 0,因而 $\boldsymbol{A}$ 的特征值为 0.

假若存在可逆矩阵 $\boldsymbol{C}$ 使得 $\boldsymbol{C}^{-1}\boldsymbol{AC}$ 为对角矩阵,则 $\boldsymbol{C}^{-1}\boldsymbol{AC}=\boldsymbol{O}$,

因而 $\boldsymbol{A}=\boldsymbol{COC}^{-1}=\boldsymbol{O}$,这与 $\boldsymbol{A}^2\boldsymbol{\xi}\neq\boldsymbol{0}$ 矛盾!

5. 因为 $\boldsymbol{A}$ 不可逆,所以 $\boldsymbol{A}$ 有一个特征值为 0.

又因为 $\boldsymbol{A}$ 是三阶实对称矩阵,$\boldsymbol{\xi}_1,\boldsymbol{\xi}_2$ 是 $\boldsymbol{A}$ 的对应于特征值 1 的特征向量,

若 $\boldsymbol{\alpha}$ 是 $\boldsymbol{A}$ 的对应于特征值 0 的特征向量,则 $\langle\boldsymbol{\xi}_1,\boldsymbol{\alpha}\rangle=\langle\boldsymbol{\xi}_2,\boldsymbol{\alpha}\rangle=0$,由此可得

$$\boldsymbol{\alpha}=k(1,-2,1)^{\mathrm{T}},\quad 其中\ k\neq 0.$$

令 $\boldsymbol{P}=\begin{bmatrix}1&-1&1\\1&0&-2\\1&1&1\end{bmatrix}$，则 $\boldsymbol{P}^{-1}\boldsymbol{AP}=\begin{bmatrix}1&0&0\\0&1&0\\0&0&0\end{bmatrix}$，可得 $\boldsymbol{A}=\boldsymbol{P}\begin{bmatrix}1&0&0\\0&1&0\\0&0&0\end{bmatrix}\boldsymbol{P}^{-1}=\begin{bmatrix}5/6&1/3&-1/6\\1/3&1/3&1/3\\-1/6&1/3&5/6\end{bmatrix}$.

三、证明题

1. (⇒)令 $\boldsymbol{C}=\begin{bmatrix}\boldsymbol{A}\\\boldsymbol{B}\end{bmatrix}$. 若 $\boldsymbol{Ax}=\boldsymbol{0}$ 的解都是 $\boldsymbol{Bx}=\boldsymbol{0}$ 的解，

则 $\boldsymbol{Ax}=\boldsymbol{0}$ 与 $\boldsymbol{Cx}=\boldsymbol{0}$ 同解，因而 $n-\mathrm{r}(\boldsymbol{A})=n-\mathrm{r}(\boldsymbol{C})$，即 $\mathrm{r}(\boldsymbol{A})=\mathrm{r}(\boldsymbol{C})$.

不妨设 $\boldsymbol{\alpha}_1,\cdots,\boldsymbol{\alpha}_r$ 为 $\boldsymbol{\alpha}_1,\cdots,\boldsymbol{\alpha}_s$ 的一个极大无关组，

则由 $\mathrm{r}(\boldsymbol{C})=\mathrm{r}(\boldsymbol{A})=r$ 可知 $\boldsymbol{\alpha}_1,\cdots,\boldsymbol{\alpha}_r$ 也是 $\boldsymbol{\alpha}_1,\cdots,\boldsymbol{\alpha}_s,\boldsymbol{\beta}_1,\cdots,\boldsymbol{\beta}_t$ 的一个极大无关组，

因而 $\boldsymbol{\beta}_1,\cdots,\boldsymbol{\beta}_t$ 能由 $\boldsymbol{\alpha}_1,\cdots,\boldsymbol{\alpha}_r$ 线性表示，当然能由 $\boldsymbol{\alpha}_1,\boldsymbol{\alpha}_2,\cdots,\boldsymbol{\alpha}_s$ 线性表示.

(⇐)若向量组 $\boldsymbol{\beta}_1,\boldsymbol{\beta}_2,\cdots,\boldsymbol{\beta}_t$ 能由 $\boldsymbol{\alpha}_1,\boldsymbol{\alpha}_2,\cdots,\boldsymbol{\alpha}_s$ 线性表示，则存在 $t\times s$ 矩阵 $\boldsymbol{M}$ 使得 $\boldsymbol{B}=\boldsymbol{MA}$.

于是由 $\boldsymbol{Ax}=\boldsymbol{0}$ 可推出 $\boldsymbol{Bx}=\boldsymbol{MAx}=\boldsymbol{0}$，可见 $\boldsymbol{Ax}=\boldsymbol{0}$ 的解都是 $\boldsymbol{Bx}=\boldsymbol{0}$ 的解.

2. 因为 $\boldsymbol{B}$ 是 n 阶正定矩阵，所以存在可逆矩阵 $\boldsymbol{P}$ 使得 $\boldsymbol{B}=\boldsymbol{P}^{\mathrm{T}}\boldsymbol{P}$.

于是 $\boldsymbol{P}(\boldsymbol{AB})\boldsymbol{P}^{-1}=\boldsymbol{P}(\boldsymbol{AP}^{\mathrm{T}}\boldsymbol{P})\boldsymbol{P}^{-1}=\boldsymbol{PAP}^{\mathrm{T}}$，可见 $\boldsymbol{AB}$ 与 $\boldsymbol{PAP}^{\mathrm{T}}$ 相似.

又因为 $\boldsymbol{A}$ 正定，所以 $\boldsymbol{PAP}^{\mathrm{T}}$ 正定，

因而 $\boldsymbol{PAP}^{\mathrm{T}}$ 与对角矩阵相似，而且 $\boldsymbol{PAP}^{\mathrm{T}}$ 的特征值全为正数，

故 $\boldsymbol{AB}$ 与对角矩阵相似，而且 $\boldsymbol{AB}$ 的特征值全为正数.

期末试题二

一、填空题

1. 因为 $\boldsymbol{B}=(2\boldsymbol{\alpha}_1-\boldsymbol{\alpha}_2,\boldsymbol{\alpha}_1+\boldsymbol{\alpha}_2)=(\boldsymbol{\alpha}_1,\boldsymbol{\alpha}_2)\begin{bmatrix}2&1\\-1&1\end{bmatrix}=\boldsymbol{AC}$，其中 $\boldsymbol{C}=\begin{bmatrix}2&1\\-1&1\end{bmatrix}$，且 $|\boldsymbol{C}|=3$，

于是可得 $|2\boldsymbol{BA}^{-1}|=2^2|\boldsymbol{ACA}^{-1}|=2^2|\boldsymbol{C}|=12$.

2. 因为 $\boldsymbol{\alpha},\boldsymbol{\beta},\boldsymbol{\gamma}$ 为一个标准正交向量组，所以

$$\begin{aligned}\langle\boldsymbol{\alpha}-2\boldsymbol{\beta}+2\boldsymbol{\gamma},\boldsymbol{\alpha}-2\boldsymbol{\beta}+2\boldsymbol{\gamma}\rangle&=\langle\boldsymbol{\alpha},\boldsymbol{\alpha}\rangle+\langle\boldsymbol{\alpha},-2\boldsymbol{\beta}\rangle+\langle\boldsymbol{\alpha},2\boldsymbol{\gamma}\rangle+\langle-2\boldsymbol{\beta},\boldsymbol{\alpha}\rangle+\cdots\\&=\langle\boldsymbol{\alpha},\boldsymbol{\alpha}\rangle+4\langle\boldsymbol{\beta},\boldsymbol{\beta}\rangle+4\langle\boldsymbol{\gamma},\boldsymbol{\gamma}\rangle=9,\end{aligned}$$

得 $\|\boldsymbol{\alpha}-2\boldsymbol{\beta}+2\boldsymbol{\gamma}\|=3$.

3. 因为行列式 $|\boldsymbol{\alpha},\boldsymbol{\beta},\boldsymbol{\gamma}|=\begin{vmatrix}1&0&a\\0&2&-6\\-1&4&5\end{vmatrix}=2a+34$，$\mathrm{r}(\boldsymbol{\alpha},\boldsymbol{\beta},\boldsymbol{\gamma})\geqslant\mathrm{r}(\boldsymbol{\alpha},\boldsymbol{\beta})=2$，

所以 $\dim V=2\Leftrightarrow\mathrm{r}(\boldsymbol{\alpha},\boldsymbol{\beta},\boldsymbol{\gamma})=2\Leftrightarrow\mathrm{r}(\boldsymbol{\alpha},\boldsymbol{\beta},\boldsymbol{\gamma})<3\Leftrightarrow|\boldsymbol{\alpha},\boldsymbol{\beta},\boldsymbol{\gamma}|=0\Leftrightarrow a=-17$.

4. 因为 $(\boldsymbol{\beta}_1,\boldsymbol{\beta}_2)=(\boldsymbol{\alpha}_1,\boldsymbol{\alpha}_2)\begin{bmatrix}1&2\\1&1\end{bmatrix}$，令 $\boldsymbol{C}=\begin{bmatrix}1&2\\1&1\end{bmatrix}$，则 $|\boldsymbol{C}|=-1$，$\boldsymbol{C}^{-1}=\dfrac{1}{|\boldsymbol{C}|}\boldsymbol{C}^*=\begin{bmatrix}-1&2\\1&-1\end{bmatrix}$，

于是可得从基 $\boldsymbol{\beta}_1,\boldsymbol{\beta}_2$ 到 $\boldsymbol{\alpha}_1,\boldsymbol{\alpha}_2$ 的过渡矩阵为 $\boldsymbol{C}^{-1}=\begin{bmatrix}-1&2\\1&-1\end{bmatrix}$.

5. 若 $\boldsymbol{Ax}=\boldsymbol{b}$ 的通解为 $k\boldsymbol{\xi}+\boldsymbol{\eta}$(其中 k 为任意数)，则 $\boldsymbol{\xi}$ 为 $\boldsymbol{Ax}=\boldsymbol{0}$ 的一个基础解系，

可见 $\mathrm{r}(\boldsymbol{A})=\mathrm{r}(\boldsymbol{A},\boldsymbol{b})=3-1=2$.

设 $\boldsymbol{\alpha}=(a,b,c)$ 为 $\boldsymbol{A}$ 中的任一行向量，则由 $\boldsymbol{A\xi}=\boldsymbol{0}$ 可得 $a+b+c=0$.

令 $\boldsymbol{A}=\begin{bmatrix}1 & 0 & -1\\0 & 1 & -1\end{bmatrix}$，则 $\boldsymbol{A}$ 为行最简形矩阵，$r(\boldsymbol{A})=2$，而且 $\boldsymbol{\xi}$ 为 $\boldsymbol{Ax}=\boldsymbol{0}$的一个基础解系.

再令 $\boldsymbol{b}=\boldsymbol{A\eta}=\begin{bmatrix}-2\\-1\end{bmatrix}$，于是可得$(\boldsymbol{A},\boldsymbol{b})=\begin{bmatrix}1 & 0 & -1 & -2\\0 & 1 & -1 & -1\end{bmatrix}$.

6. 由$|\lambda\boldsymbol{E}-\boldsymbol{A}|=(\lambda-3)^3$，可见 $\boldsymbol{A}$ 的特征值为$\lambda_1=\lambda_2=\lambda_3=3$.

因为 $r(3\boldsymbol{E}-\boldsymbol{A})=1$，可见 $\boldsymbol{A}$ 的 Jordan 标准形为$\begin{bmatrix}3 & 1 & 0\\0 & 3 & 0\\0 & 0 & 3\end{bmatrix}$.

7. 记 $\boldsymbol{M}=\begin{bmatrix}1 & 1\\1 & 1\end{bmatrix}$，则 $\boldsymbol{M}$ 为二阶实对称矩阵，且 $r(\boldsymbol{M})=1$，$tr(\boldsymbol{M})=2$，

故存在正交矩阵 $\boldsymbol{Q}$，使得 $\boldsymbol{Q}^{-1}\boldsymbol{MQ}=\boldsymbol{Q}^{T}\boldsymbol{MQ}=\begin{bmatrix}2 & 0\\0 & 0\end{bmatrix}$.

因为 $\boldsymbol{A}$ 为二阶实对称矩阵，且 $r(\boldsymbol{A})=1$，$tr(\boldsymbol{A})=4$，故存在正交矩阵 $\boldsymbol{Q}_1$ 使得 $\boldsymbol{Q}_1^{T}\boldsymbol{AQ}_1=\begin{bmatrix}4 & 0\\0 & 0\end{bmatrix}$，

可见 $\boldsymbol{A}$，$\boldsymbol{B}$ 都与 $\boldsymbol{M}$ 合同（因为它们都是二阶实对称矩阵，正惯性指数都是 1，秩都是 1）.
而 $\boldsymbol{C}$ 不是对称矩阵，$r(\boldsymbol{D})=2$，可见 $\boldsymbol{C}$，$\boldsymbol{D}$ 都不与 $\boldsymbol{M}$ 合同.

又$|\lambda\boldsymbol{E}-\boldsymbol{C}|=(\lambda-2)\lambda$，可见二阶矩阵 $\boldsymbol{C}$ 有两个互异的特征值$\lambda_1=2$，$\lambda_2=0$，因而 $\boldsymbol{C}\sim\begin{bmatrix}2 & 0\\0 & 0\end{bmatrix}\sim\boldsymbol{M}$.

而由 $r(\boldsymbol{D})=2\neq r(\boldsymbol{M})$可知 $\boldsymbol{D}$ 不与 $\boldsymbol{M}$ 相似.

综上所述，矩阵 $\boldsymbol{A}$，$\boldsymbol{B}$，$\boldsymbol{C}$，$\boldsymbol{D}$ 中，$\boldsymbol{C}$ 与$\begin{bmatrix}1 & 1\\1 & 1\end{bmatrix}$相似但不合同.

8. $|\boldsymbol{A}|=\begin{vmatrix}\boldsymbol{O} & \boldsymbol{E}\\\boldsymbol{E} & \boldsymbol{E}\end{vmatrix}=\begin{vmatrix}\boldsymbol{E} & \boldsymbol{O}\\\boldsymbol{E} & \boldsymbol{E}\end{vmatrix}=1$；

$\begin{bmatrix}\boldsymbol{O} & \boldsymbol{E} & \boldsymbol{E} & \boldsymbol{O}\\\boldsymbol{E} & \boldsymbol{E} & \boldsymbol{O} & \boldsymbol{E}\end{bmatrix}$经过分块初等行变换化为$\begin{bmatrix}\boldsymbol{E} & \boldsymbol{O} & -\boldsymbol{E} & \boldsymbol{E}\\\boldsymbol{O} & \boldsymbol{E} & \boldsymbol{E} & \boldsymbol{O}\end{bmatrix}$，

由此可得 $\boldsymbol{A}^*=\boldsymbol{A}^{-1}=\begin{bmatrix}-\boldsymbol{E} & \boldsymbol{E}\\\boldsymbol{E} & \boldsymbol{O}\end{bmatrix}=\begin{bmatrix}-1 & 0 & 1 & 0\\0 & -1 & 0 & 1\\1 & 0 & 0 & 0\\0 & 1 & 0 & 0\end{bmatrix}$.

9. 法 1：因为二阶矩阵 $\boldsymbol{A}$ 的特征多项式 $c(\lambda)=|\lambda\boldsymbol{E}-\boldsymbol{A}|=(\lambda-1)(\lambda-2)$，则

$$f(\lambda)=\lambda^3-3\lambda^2+2\lambda+3=\lambda(\lambda-1)(\lambda-2)+3=\lambda c(\lambda)+3,$$

所以 $f(\boldsymbol{A})=\boldsymbol{A}c(\boldsymbol{A})+3\boldsymbol{E}=\boldsymbol{AO}+3\boldsymbol{E}=3\boldsymbol{E}=\begin{bmatrix}3 & 0\\0 & 3\end{bmatrix}$.

法 2：因为二阶矩阵 $\boldsymbol{A}$ 的特征多项式$|\lambda\boldsymbol{E}-\boldsymbol{A}|=(\lambda-1)(\lambda-2)$，

可见 $\boldsymbol{A}$ 的特征值为$\lambda_1=1$，$\lambda_2=2$，所以存在可逆矩阵 $\boldsymbol{P}$ 使得 $\boldsymbol{P}^{-1}\boldsymbol{AP}=\begin{bmatrix}1 & 0\\0 & 2\end{bmatrix}=\boldsymbol{\Lambda}$，

因而 $\boldsymbol{P}^{-1}f(\boldsymbol{A})\boldsymbol{P}=f(\boldsymbol{\Lambda})=\begin{bmatrix}f(1) & 0\\0 & f(2)\end{bmatrix}=\begin{bmatrix}3 & 0\\0 & 3\end{bmatrix}=3\boldsymbol{E}$，则

$$f(\boldsymbol{A})=\boldsymbol{P}f(\boldsymbol{\Lambda})\boldsymbol{P}^{-1}=3\boldsymbol{PEP}^{-1}=3\boldsymbol{E}=\begin{bmatrix}3 & 0\\0 & 3\end{bmatrix}.$$

二、计算题

1. (1) 因为 $\boldsymbol{AX}=\boldsymbol{B}-2\boldsymbol{X}\Leftrightarrow(\boldsymbol{A}+2\boldsymbol{E})\boldsymbol{X}=\boldsymbol{B}$,

$$\text{又}(\boldsymbol{A}+2\boldsymbol{E},\boldsymbol{B})=\begin{bmatrix}2&0&2&4&0\\0&2&2&-2&8\\1&0&2+a&2&b\end{bmatrix}\xrightarrow{\text{初等行变换}}\begin{bmatrix}1&0&1&2&0\\0&1&1&-1&4\\0&0&1+a&0&b\end{bmatrix}.$$

由此可见,当 $a=-1,b\neq0$ 时,不存在矩阵 $\boldsymbol{X}$ 使得 $\boldsymbol{AX}=\boldsymbol{B}-2\boldsymbol{X}$.

(2) 当 $a=-1,b=0$ 时,存在无穷多个矩阵 $\boldsymbol{X}$ 使得 $\boldsymbol{AX}=\boldsymbol{B}-2\boldsymbol{X}$. 此时令 $(\boldsymbol{\beta}_1,\boldsymbol{\beta}_2)=\boldsymbol{B}$,则

$$(\boldsymbol{A}+2\boldsymbol{E})\boldsymbol{x}=\boldsymbol{\beta}_1\text{ 的通解为 }\boldsymbol{x}=\begin{bmatrix}2-k\\-1-k\\k\end{bmatrix},\text{其中 }k\text{ 为任意数},$$

$$(\boldsymbol{A}+2\boldsymbol{E})\boldsymbol{x}=\boldsymbol{\beta}_2\text{ 的通解为 }\boldsymbol{x}=\begin{bmatrix}-l\\4-l\\l\end{bmatrix},\text{其中 }l\text{ 为任意数}.$$

$$\text{于是所有满足 }\boldsymbol{AX}=\boldsymbol{B}-2\boldsymbol{X}\text{ 的矩阵 }\boldsymbol{X}=\begin{bmatrix}2-k&-l\\-1-k&4-l\\k&l\end{bmatrix},\text{其中 }k,l\text{ 为任意数}.$$

2. 记 $\boldsymbol{A}=(\boldsymbol{\alpha}_1,\boldsymbol{\alpha}_2,\boldsymbol{\alpha}_3),\boldsymbol{B}=(\boldsymbol{\beta}_1,\boldsymbol{\beta}_2,\boldsymbol{\beta}_3),\boldsymbol{C}=\begin{bmatrix}1&0&2\\1&1&0\\2&-1&k\end{bmatrix}$,

则 $|\boldsymbol{C}|=k-6$,且由 $\boldsymbol{\beta}_1=\boldsymbol{\alpha}_1+\boldsymbol{\alpha}_2+2\boldsymbol{\alpha}_3,\boldsymbol{\beta}_2=\boldsymbol{\alpha}_2-\boldsymbol{\alpha}_3,\boldsymbol{\beta}_3=2\boldsymbol{\alpha}_1+k\boldsymbol{\alpha}_3$ 可得 $\boldsymbol{B}=\boldsymbol{AC}$.

因为向量组 $\boldsymbol{\alpha}_1,\boldsymbol{\alpha}_2,\boldsymbol{\alpha}_3$ 线性无关,所以 $\mathrm{r}(\boldsymbol{A})=3$.

当 $k\neq6$ 时,$|\boldsymbol{C}|\neq0$,$\boldsymbol{C}$ 可逆,因而 $\mathrm{r}(\boldsymbol{B})=\mathrm{r}(\boldsymbol{AC})=\mathrm{r}(\boldsymbol{A})=3$,此时 $\boldsymbol{\beta}_1,\boldsymbol{\beta}_2,\boldsymbol{\beta}_3$ 线性无关;

当 $k=6$ 时,$|\boldsymbol{C}|=0$,因而 $\mathrm{r}(\boldsymbol{B})=\mathrm{r}(\boldsymbol{AC})\leqslant\mathrm{r}(\boldsymbol{C})<3$,此时 $\boldsymbol{\beta}_1,\boldsymbol{\beta}_2,\boldsymbol{\beta}_3$ 线性相关,

综上所述,当且仅当 $k=6$ 时,$\boldsymbol{\beta}_1,\boldsymbol{\beta}_2,\boldsymbol{\beta}_3$ 线性相关.

$$\text{此时 }\boldsymbol{C}=\begin{bmatrix}1&0&2\\1&1&0\\2&-1&k\end{bmatrix}=\begin{bmatrix}1&0&2\\1&1&0\\2&-1&6\end{bmatrix}\xrightarrow{\text{初等行变换}}\begin{bmatrix}1&0&2\\0&1&-2\\0&0&0\end{bmatrix},$$

由此可见 $\boldsymbol{\beta}_1,\boldsymbol{\beta}_2$ 为 $\boldsymbol{\beta}_1,\boldsymbol{\beta}_2,\boldsymbol{\beta}_3$ 的一个极大无关组.

注 (1) 由 $\mathrm{r}(\boldsymbol{C})\geqslant\mathrm{r}(\boldsymbol{B})=\mathrm{r}(\boldsymbol{AC})\geqslant\mathrm{r}(\boldsymbol{A})+\mathrm{r}(\boldsymbol{C})-3=\mathrm{r}(\boldsymbol{C})$ 可得 $\mathrm{r}(\boldsymbol{B})=\mathrm{r}(\boldsymbol{C})$,于是

$$\boldsymbol{\beta}_1,\boldsymbol{\beta}_2,\boldsymbol{\beta}_3\text{ 线性相关}\Leftrightarrow\mathrm{r}(\boldsymbol{B})<3\Leftrightarrow\mathrm{r}(\boldsymbol{C})<3\Leftrightarrow|\boldsymbol{C}|=0\Leftrightarrow k=6.$$

(2) $\boldsymbol{\beta}_1,\boldsymbol{\beta}_3$ 也是 $\boldsymbol{\beta}_1,\boldsymbol{\beta}_2,\boldsymbol{\beta}_3$ 的一个极大无关组;$\boldsymbol{\beta}_2,\boldsymbol{\beta}_3$ 也是 $\boldsymbol{\beta}_1,\boldsymbol{\beta}_2,\boldsymbol{\beta}_3$ 的一个极大无关组.

3. 该线性方程组的增广矩阵 $(\boldsymbol{A},\boldsymbol{b})=\begin{bmatrix}1&1&1\\1&-1&0\\2&1&1\end{bmatrix}\xrightarrow{\text{初等行变换}}\begin{bmatrix}1&1&1\\0&1&0\\0&0&1\end{bmatrix}$,

可见 $\mathrm{r}(\boldsymbol{A})=2,\mathrm{r}(\boldsymbol{A},\boldsymbol{b})=3$,因而原方程组无解.

又 $(\boldsymbol{A}^{\mathrm{T}}\boldsymbol{A},\boldsymbol{A}^{\mathrm{T}}\boldsymbol{b})=\begin{bmatrix}6&2&3\\2&3&2\end{bmatrix}\xrightarrow{\text{初等行变换}}\begin{bmatrix}1&0&5/14\\0&1&3/7\end{bmatrix}$,

于是可得 $\boldsymbol{A}^{\mathrm{T}}\boldsymbol{Ax}=\boldsymbol{A}^{\mathrm{T}}\boldsymbol{b}$ 的解,即 $\boldsymbol{Ax}=\boldsymbol{b}$ 的最小二乘解为 $\boldsymbol{x}=(5/14,3/7)^{\mathrm{T}}$.

注 也可以利用克拉默法则求得 $\boldsymbol{A}^{\mathrm{T}}\boldsymbol{Ax}=\boldsymbol{A}^{\mathrm{T}}\boldsymbol{b}$ 的解.

4. (1) 由 $2a+2=\mathrm{tr}(\boldsymbol{A})=\mathrm{tr}(\boldsymbol{B})=4$ 可得 $a=1$. 又

$$2\boldsymbol{E}-\boldsymbol{A}=\begin{bmatrix}1 & -1 & 0\\ -1 & 1 & 0\\ 1 & -b & 0\end{bmatrix}\xrightarrow{\text{初等行变换}}\begin{bmatrix}1 & -1 & 0\\ 0 & 1-b & 0\\ 0 & 0 & 0\end{bmatrix},$$

由 $\mathrm{r}(2\boldsymbol{E}-\boldsymbol{A})=\mathrm{r}(2\boldsymbol{E}-\boldsymbol{B})=1$ 可得 $b=1$.

(2) 由(1)知 $a=1,b=1$.

$(0\boldsymbol{E}-\boldsymbol{A})\boldsymbol{x}=\boldsymbol{0}$的一个基础解系为 $\boldsymbol{\xi}_1=(1,-1,1)^{\mathrm{T}}$；

$(2\boldsymbol{E}-\boldsymbol{A})\boldsymbol{x}=\boldsymbol{0}$的一个基础解系为 $\boldsymbol{\xi}_2=(1,1,0)^{\mathrm{T}},\boldsymbol{\xi}_3=(0,0,1)^{\mathrm{T}}$.

可见 $\boldsymbol{A}$ 与 $\boldsymbol{B}$ 相似.

令 $\boldsymbol{P}=(\boldsymbol{\xi}_1,\boldsymbol{\xi}_2,\boldsymbol{\xi}_3)=\begin{bmatrix}1 & 1 & 0\\ -1 & 1 & 0\\ 1 & 0 & 1\end{bmatrix}$,则 $\boldsymbol{P}$ 可逆而且 $\boldsymbol{P}^{-1}\boldsymbol{AP}=\boldsymbol{B}$.

5. (1) $\begin{bmatrix}4 & a & 4\\ a & 1 & 2\\ 4 & 2 & 4\end{bmatrix},\begin{bmatrix}1 & 0 & 0\\ 0 & 0 & 0\\ 0 & 0 & 0\end{bmatrix}$,1,1,2.

(2) 由 $\mathrm{r}(\boldsymbol{A})=1$ 和 $\mathrm{tr}(\boldsymbol{A})=9$ 可知 $\boldsymbol{A}$ 的特征值为 $\lambda_1=9,\lambda_2=\lambda_3=0$,又

(也可以直接计算 $|\lambda\boldsymbol{E}-\boldsymbol{A}|=(\lambda-9)\lambda^2$,从而得到 $\boldsymbol{A}$ 的特征值为 $\lambda_1=9,\lambda_2=\lambda_3=0$)

$(9\boldsymbol{E}-\boldsymbol{A})\boldsymbol{x}=\boldsymbol{0}$的一个基础解系为 $\boldsymbol{\xi}_1=(2,1,2)^{\mathrm{T}}$,

$(0\boldsymbol{E}-\boldsymbol{A})\boldsymbol{x}=\boldsymbol{0}$的一个基础解系为 $\boldsymbol{\xi}_2=(-2,2,1)^{\mathrm{T}},\boldsymbol{\xi}_3=(1,2,-2)^{\mathrm{T}}$,

这里 $\boldsymbol{\xi}_1,\boldsymbol{\xi}_2,\boldsymbol{\xi}_3$ 为正交向量组,单位化得

$$\boldsymbol{q}_1=(2/3,1/3,2/3)^{\mathrm{T}},\quad \boldsymbol{q}_2=(-2/3,2/3,1/3)^{\mathrm{T}},\quad \boldsymbol{q}_3=(1/3,2/3,-2/3)^{\mathrm{T}},$$

于是令 $\boldsymbol{Q}=(\boldsymbol{q}_1,\boldsymbol{q}_2,\boldsymbol{q}_3)$,则 $\boldsymbol{Q}$ 为正交矩阵,且 $\boldsymbol{Q}^{\mathrm{T}}\boldsymbol{AQ}=\boldsymbol{\Lambda}=\begin{bmatrix}9 & 0 & 0\\ 0 & 0 & 0\\ 0 & 0 & 0\end{bmatrix}$,

因而 $f(x_1,x_2,x_3)$经过正交变换$(x_1,x_2,x_3)^{\mathrm{T}}=\boldsymbol{Q}(z_1,z_2,z_3)^{\mathrm{T}}$ 化为标准形 $9z_1^2$.

三、证明题

1. 若$k_1\boldsymbol{\alpha}_1^{\mathrm{T}}+k_2\boldsymbol{\alpha}_2^{\mathrm{T}}+\cdots+k_m\boldsymbol{\alpha}_m^{\mathrm{T}}+l_1\boldsymbol{\xi}_1+l_2\boldsymbol{\xi}_2+\cdots+l_s\boldsymbol{\xi}_s=\boldsymbol{0}$,

则$-k_1\boldsymbol{\alpha}_1^{\mathrm{T}}-k_2\boldsymbol{\alpha}_2^{\mathrm{T}}-\cdots-k_m\boldsymbol{\alpha}_m^{\mathrm{T}}=l_1\boldsymbol{\xi}_1+l_2\boldsymbol{\xi}_2+\cdots+l_s\boldsymbol{\xi}_s$,因而

$$l_i=\langle l_1\boldsymbol{\xi}_1+l_2\boldsymbol{\xi}_2+\cdots+l_s\boldsymbol{\xi}_s,\boldsymbol{\xi}_i\rangle=\langle -k_1\boldsymbol{\alpha}_1^{\mathrm{T}}-k_2\boldsymbol{\alpha}_2^{\mathrm{T}}-\cdots-k_m\boldsymbol{\alpha}_m^{\mathrm{T}},\boldsymbol{\xi}_i\rangle$$
$$=-k_1\boldsymbol{\alpha}_1\boldsymbol{\xi}_i-k_2\boldsymbol{\alpha}_2\boldsymbol{\xi}_i-\cdots-k_m\boldsymbol{\alpha}_m\boldsymbol{\xi}_i=0,\quad \text{其中 } i=1,2,\cdots,s.$$

于是可得$k_1\boldsymbol{\alpha}_1^{\mathrm{T}}+k_2\boldsymbol{\alpha}_2^{\mathrm{T}}+\cdots+k_m\boldsymbol{\alpha}_m^{\mathrm{T}}=\boldsymbol{0}$.

又因为 $\mathrm{r}(\boldsymbol{A})=m$,故 $\boldsymbol{\alpha}_1,\boldsymbol{\alpha}_2,\cdots,\boldsymbol{\alpha}_m$ 线性无关,因而 $\boldsymbol{\alpha}_1^{\mathrm{T}},\boldsymbol{\alpha}_2^{\mathrm{T}},\cdots,\boldsymbol{\alpha}_m^{\mathrm{T}}$线性无关,

从而由$k_1\boldsymbol{\alpha}_1^{\mathrm{T}}+k_2\boldsymbol{\alpha}_2^{\mathrm{T}}+\cdots+k_m\boldsymbol{\alpha}_m^{\mathrm{T}}=\boldsymbol{0}$可得 $k_1=k_2=\cdots=k_m=0$.

可见 $\boldsymbol{\alpha}_1^{\mathrm{T}},\boldsymbol{\alpha}_2^{\mathrm{T}},\cdots,\boldsymbol{\alpha}_m^{\mathrm{T}},\boldsymbol{\xi}_1,\boldsymbol{\xi}_2,\cdots,\boldsymbol{\xi}_s$ 线性无关.

2. (1) 因为矩阵 $\boldsymbol{A}=\boldsymbol{\alpha\beta}^{\mathrm{T}}$ 是对称矩阵,所以 $\boldsymbol{\beta\alpha}^{\mathrm{T}}=(\boldsymbol{\alpha\beta}^{\mathrm{T}})^{\mathrm{T}}=\boldsymbol{A}^{\mathrm{T}}=\boldsymbol{A}=\boldsymbol{\alpha\beta}^{\mathrm{T}}$.

令 $\lambda=\boldsymbol{\alpha}^{\mathrm{T}}\boldsymbol{\beta}=\boldsymbol{\beta}^{\mathrm{T}}\boldsymbol{\alpha}$,则 $\boldsymbol{A\alpha}=\boldsymbol{\alpha\beta}^{\mathrm{T}}\boldsymbol{\alpha}=\lambda\boldsymbol{\alpha},\boldsymbol{A\beta}=\boldsymbol{\beta\alpha}^{\mathrm{T}}\boldsymbol{\beta}=\lambda\boldsymbol{\beta}$,

其中 $\boldsymbol{\alpha},\boldsymbol{\beta}$ 均非零,可见 $\boldsymbol{\alpha},\boldsymbol{\beta}$ 都是 $\boldsymbol{A}$ 的对应于特征值 λ 的特征向量.

(2) 因为矩阵 $\boldsymbol{A}=\boldsymbol{\alpha\beta}^{\mathrm{T}}=(a_ib_j)_{n\times n}$是对称矩阵,

所以对于任意的 $1\leqslant i<j\leqslant n$,有 $\begin{vmatrix}a_i & b_i\\ a_j & b_j\end{vmatrix}=a_ib_j-a_jb_i=0$.

可见 $\mathrm{r}(\boldsymbol{\alpha},\boldsymbol{\beta})<2$,因而 $\boldsymbol{\alpha},\boldsymbol{\beta}$ 线性相关.

又因为实向量 $\boldsymbol{\alpha},\boldsymbol{\beta}$ 均非零,所以存在非零的实数 k 使得 $\boldsymbol{\beta}=k\boldsymbol{\alpha}$,

因而 $\boldsymbol{A}=k\boldsymbol{\alpha\alpha}^{\mathrm{T}}$，$\lambda=\langle\boldsymbol{\alpha},\boldsymbol{\beta}\rangle=\boldsymbol{\alpha}^{\mathrm{T}}\boldsymbol{\beta}=k\boldsymbol{\alpha}^{\mathrm{T}}\boldsymbol{\alpha}\neq 0$，

并且由 $0<\mathrm{r}(\boldsymbol{A})=\mathrm{r}(k\boldsymbol{\alpha\alpha}^{\mathrm{T}})\leqslant\mathrm{r}(\boldsymbol{\alpha})=1$ 可得 $\mathrm{r}(\boldsymbol{A})=1$，

进而由(1)可知存在正交矩阵 $\boldsymbol{Q}$ 使得 $\boldsymbol{Q}^{\mathrm{T}}\boldsymbol{AQ}=\boldsymbol{\Lambda}=\begin{bmatrix}\lambda & 0 & \cdots & 0\\ 0 & 0 & \cdots & 0\\ \vdots & \vdots & \ddots & \vdots\\ 0 & 0 & \cdots & 0\end{bmatrix}$，

于是 $\boldsymbol{Q}^{\mathrm{T}}(\boldsymbol{A}+\boldsymbol{E})\boldsymbol{Q}=\boldsymbol{\Lambda}+\boldsymbol{E}=\begin{bmatrix}\lambda+1 & 0 & \cdots & 0\\ 0 & 1 & \cdots & 0\\ \vdots & \vdots & \ddots & \vdots\\ 0 & 0 & \cdots & 1\end{bmatrix}$，

故 $\boldsymbol{A}+\boldsymbol{E}$ 为正定矩阵 $\Leftrightarrow\lambda+1>0\Leftrightarrow\boldsymbol{\alpha}$ 与 $\boldsymbol{\beta}$ 的内积 $\langle\boldsymbol{\alpha},\boldsymbol{\beta}\rangle$ 大于 -1.

期末试题三

一、填空题

1. $\begin{bmatrix}0 & 1 & 0\\ 1 & 0 & 0\\ -2 & 0 & 1\end{bmatrix}$. **2.** 8. **3.** 2. **4.** 2. **5.** $\begin{bmatrix}4 & 0\\ 0 & 0\end{bmatrix}$. **6.** 5. **7.** $\begin{bmatrix}0\\ 1/3\end{bmatrix}$. **8.** $\begin{bmatrix}1 & 1\\ 0 & 1\end{bmatrix}$. **9.** $(1,-4)$.

10. ③.

二、计算题

1. $D=\begin{vmatrix}10 & 10 & 10 & 10\\ 3 & 4 & 1 & 2\\ 2 & 3 & 4 & 1\\ 1 & 2 & 3 & 4\end{vmatrix}=10\begin{vmatrix}1 & 1 & 1 & 1\\ 3 & 4 & 1 & 2\\ 2 & 3 & 4 & 1\\ 1 & 2 & 3 & 4\end{vmatrix}=10\begin{vmatrix}1 & 0 & 0 & 0\\ 3 & 1 & -2 & -1\\ 2 & 1 & 2 & -1\\ 1 & 1 & 2 & 3\end{vmatrix}=10\begin{vmatrix}1 & -2 & -1\\ 1 & 2 & -1\\ 1 & 2 & 3\end{vmatrix}=160.$

2. 因为 $(\boldsymbol{A}+\boldsymbol{E},\boldsymbol{B})=\begin{bmatrix}2 & 1 & 0 & 2 & 1\\ 0 & 1 & 1 & 1 & 2\\ 0 & 1 & 0 & 0 & 1\end{bmatrix}\xrightarrow{\text{初等行变换}}\begin{bmatrix}1 & 0 & 0 & 1 & 0\\ 0 & 1 & 0 & 0 & 1\\ 0 & 0 & 1 & 1 & 1\end{bmatrix}$，

由此可见 $\boldsymbol{AX}=\boldsymbol{B}-\boldsymbol{X}\Leftrightarrow(\boldsymbol{A}+\boldsymbol{E})\boldsymbol{X}=\boldsymbol{B}\Leftrightarrow\boldsymbol{X}=(\boldsymbol{A}+\boldsymbol{E})^{-1}\boldsymbol{B}=\begin{bmatrix}1 & 0\\ 0 & 1\\ 1 & 1\end{bmatrix}$.

注 本题也可以先算出 $(\boldsymbol{A}+\boldsymbol{E})^{-1}=\begin{bmatrix}1/2 & 0 & -1/2\\ 0 & 0 & 1\\ 0 & 1 & -1\end{bmatrix}$.

3. 因为 $(\boldsymbol{\alpha}_1,\boldsymbol{\alpha}_2,\boldsymbol{\alpha}_3)=\begin{bmatrix}1 & 0 & 1\\ 1 & 1 & a\\ 0 & -1 & -2\end{bmatrix}\xrightarrow{\text{初等行变换}}\begin{bmatrix}1 & 0 & 1\\ 0 & 1 & a-1\\ 0 & 0 & a-3\end{bmatrix}$，

由 $\boldsymbol{\alpha}_1,\boldsymbol{\alpha}_2$ 是 V 的一组基可知 $\mathrm{r}(\boldsymbol{\alpha}_1,\boldsymbol{\alpha}_2,\boldsymbol{\alpha}_3)=2$，因而 $a-3=0$，即 $a=3$.

此时 $\boldsymbol{\alpha}_3=\boldsymbol{\alpha}_1+2\boldsymbol{\alpha}_2$，可见 $\boldsymbol{\alpha}_3$ 在 V 的基 $\boldsymbol{\alpha}_1,\boldsymbol{\alpha}_2$ 下的坐标为 $(1,2)$.

注 也可以由 $|\boldsymbol{\alpha}_1,\boldsymbol{\alpha}_2,\boldsymbol{\alpha}_3|=0$ 得到 $a=3$. 另外，$\boldsymbol{\alpha}_3$ 的坐标写成 $(1,2)^{\mathrm{T}}$ 亦可.

4. 因为 $(\boldsymbol{A},\boldsymbol{b})=\begin{bmatrix}4 & 0 & -4 & 8\\ 2 & 1 & a & 0\\ 0 & 2 & -2 & t\end{bmatrix}\xrightarrow{\text{初等行变换}}\begin{bmatrix}1 & 0 & -1 & 2\\ 0 & 1 & a+2 & -4\\ 0 & 0 & -2a-6 & t+8\end{bmatrix}$，由此可见：

当 $a=-3, t\neq -8$ 时，方程组 $\boldsymbol{Ax}=\boldsymbol{b}$ 无解；

当 $a\neq -3$，t 取任意值时，方程组 $\boldsymbol{Ax}=\boldsymbol{b}$ 有唯一解；

当 $a=-3, t=-8$ 时，方程组 $\boldsymbol{Ax}=\boldsymbol{b}$ 有无穷多解，通解为 $\boldsymbol{x}=k\begin{bmatrix}1\\1\\1\end{bmatrix}+\begin{bmatrix}2\\-4\\0\end{bmatrix}$，其中 k 为任意数.

5. (1) 由 f 在正交变换下的标准形可知 $\boldsymbol{A}$ 的特征值为 $\lambda_1=\lambda_2=1, \lambda_3=-2$，

因而 $3a=\mathrm{tr}(\boldsymbol{A})=\lambda_1+\lambda_2+\lambda_3=1+1-2=0$，可见 $a=0$.

$(\boldsymbol{E}-\boldsymbol{A})\boldsymbol{x}=\boldsymbol{0}$ 的一个基础解系为 $\boldsymbol{\xi}_1=(1,1,0)^{\mathrm{T}}, \boldsymbol{\xi}_2=(-1,0,1)^{\mathrm{T}}$，

正交化得 $\boldsymbol{\eta}_1=(1,1,0)^{\mathrm{T}}, \boldsymbol{\eta}_2=(-1/2,1/2,1)^{\mathrm{T}}$，单位化得

$$\boldsymbol{q}_1=\left(\frac{\sqrt{2}}{2},\frac{\sqrt{2}}{2},0\right)^{\mathrm{T}},\quad \boldsymbol{q}_2=\left(-\frac{\sqrt{6}}{6},\frac{\sqrt{6}}{6},\frac{\sqrt{6}}{3}\right)^{\mathrm{T}};$$

$(-2\boldsymbol{E}-\boldsymbol{A})\boldsymbol{x}=\boldsymbol{0}$ 的一个基础解系为 $\boldsymbol{\xi}_3=(1,-1,1)^{\mathrm{T}}$，单位化得 $\boldsymbol{q}_3=\left(\frac{\sqrt{3}}{3},-\frac{\sqrt{3}}{3},\frac{\sqrt{3}}{3}\right)^{\mathrm{T}}$.

令 $\boldsymbol{Q}=(\boldsymbol{q}_1,\boldsymbol{q}_2,\boldsymbol{q}_3)=\begin{bmatrix}\sqrt{2}/2 & -\sqrt{6}/6 & \sqrt{3}/3\\ \sqrt{2}/2 & \sqrt{6}/6 & -\sqrt{3}/3\\ 0 & \sqrt{6}/3 & \sqrt{3}/3\end{bmatrix}$，

则 $\boldsymbol{Q}$ 为正交矩阵，而且 $f(x_1,x_2,x_3)$ 经过正交变换 $\boldsymbol{x}=\boldsymbol{Qy}$ 变成上述标准形 $g(y_1,y_2,y_3)$.

(2) 由 $\boldsymbol{Q}^{\mathrm{T}}\boldsymbol{AQ}=\begin{bmatrix}1&0&0\\0&1&0\\0&0&-2\end{bmatrix}$ 可得 $\boldsymbol{Q}^{\mathrm{T}}\boldsymbol{BQ}=t\boldsymbol{E}+\boldsymbol{Q}^{\mathrm{T}}\boldsymbol{AQ}=\begin{bmatrix}t+1&0&0\\0&t+1&0\\0&0&t-2\end{bmatrix}$，

因而 $\boldsymbol{B}$ 为正定矩阵 $\Leftrightarrow t+1$ 和 $t-2$ 皆为正数 $\Leftrightarrow t>2$.

(3) 若 $\boldsymbol{A}$ 与 $\boldsymbol{C}$ 相似，则 $\boldsymbol{C}$ 相似于对角矩阵 $\boldsymbol{\Lambda}=\mathrm{diag}(1,1,-2)$，

因而 $2+c=\mathrm{tr}(\boldsymbol{C})=1+1-2=0$，故 $c=-2$；

同时 $\boldsymbol{C}-\boldsymbol{E}=\begin{bmatrix}0&1&1\\0&-3&d\\0&0&0\end{bmatrix}$ 相似于 $\boldsymbol{\Lambda}-\boldsymbol{E}$，于是由 $\mathrm{r}(\boldsymbol{C}-\boldsymbol{E})=\mathrm{r}(\boldsymbol{\Lambda}-\boldsymbol{E})=1$ 可得 $d=-3$.

不存在正交矩阵 $\boldsymbol{P}$ 使得 $\boldsymbol{P}^{\mathrm{T}}\boldsymbol{AP}=\boldsymbol{C}$.

因为假若存在正交矩阵 $\boldsymbol{P}$ 使得 $\boldsymbol{P}^{\mathrm{T}}\boldsymbol{AP}=\boldsymbol{C}$，则 $\boldsymbol{C}^{\mathrm{T}}=(\boldsymbol{P}^{\mathrm{T}}\boldsymbol{AP})^{\mathrm{T}}=\boldsymbol{P}^{\mathrm{T}}\boldsymbol{A}^{\mathrm{T}}(\boldsymbol{P}^{\mathrm{T}})^{\mathrm{T}}=\boldsymbol{P}^{\mathrm{T}}\boldsymbol{AP}=\boldsymbol{C}$，

但是这里 $\boldsymbol{C}^{\mathrm{T}}\neq\boldsymbol{C}$，矛盾！

三、证明题

1. 由非零向量 $\boldsymbol{\alpha},\boldsymbol{\beta}$ 的内积 $\langle\boldsymbol{\alpha},\boldsymbol{\beta}\rangle=\boldsymbol{\alpha}^{\mathrm{T}}\boldsymbol{\beta}=0$ 可知 $\boldsymbol{\alpha},\boldsymbol{\beta}$ 线性无关.

假若 $\boldsymbol{\alpha},\boldsymbol{\beta},\boldsymbol{\gamma}$ 线性相关，则 $\boldsymbol{\gamma}$ 能由 $\boldsymbol{\alpha},\boldsymbol{\beta}$ 线性表示，

于是可设 $\boldsymbol{\gamma}=k\boldsymbol{\alpha}+l\boldsymbol{\beta}$，因而由 $\boldsymbol{A\alpha}=\boldsymbol{0}=\boldsymbol{A\beta}$ 可得 $\boldsymbol{A\gamma}=k\boldsymbol{A\alpha}+l\boldsymbol{A\beta}=\boldsymbol{0}$，

这与 $\boldsymbol{A\gamma}\neq\boldsymbol{0}$ 矛盾！可见 $\boldsymbol{\alpha},\boldsymbol{\beta},\boldsymbol{\gamma}$ 线性无关.

2. 当 $\boldsymbol{B}=\boldsymbol{O}$ 时，$\mathrm{r}(\boldsymbol{ABC})=\mathrm{r}(\boldsymbol{AB})=\mathrm{r}(\boldsymbol{BC})=\mathrm{r}(\boldsymbol{B})=0$，因而 $\mathrm{r}(\boldsymbol{ABC})\geqslant\mathrm{r}(\boldsymbol{AB})+\mathrm{r}(\boldsymbol{BC})-\mathrm{r}(\boldsymbol{B})$ 成立.

下面设 $\boldsymbol{B}$ 的等价标准形为 $\boldsymbol{E}_{m\times n}^{(r)}$，其中 $r=\mathrm{r}(\boldsymbol{B})>0$，

则存在 m 阶可逆矩阵 $\boldsymbol{P}$ 和 n 阶可逆矩阵 $\boldsymbol{Q}$ 使得

$$\boldsymbol{B}=\boldsymbol{P}\boldsymbol{E}_{m\times n}^{(r)}\boldsymbol{Q}=\boldsymbol{P}\begin{bmatrix}\boldsymbol{E}_{r\times r}\\ \boldsymbol{O}\end{bmatrix}(\boldsymbol{E}_{r\times r},\boldsymbol{O})\boldsymbol{Q}.$$

记 $\boldsymbol{U}=\boldsymbol{AP}\begin{bmatrix}\boldsymbol{E}_{r\times r}\\ \boldsymbol{O}\end{bmatrix}, \boldsymbol{V}=(\boldsymbol{E}_{r\times r},\boldsymbol{O})\boldsymbol{QC}$，

则 $\boldsymbol{U}$ 的列数与 $\boldsymbol{V}$ 的行数都是 r，因而 $\mathrm{r}(\boldsymbol{ABC})=\mathrm{r}(\boldsymbol{UV})\geqslant\mathrm{r}(\boldsymbol{U})+\mathrm{r}(\boldsymbol{V})-r$.

而 $\mathrm{r}(\boldsymbol{AB})=\mathrm{r}(\boldsymbol{U}(\boldsymbol{E}_{r\times r},\boldsymbol{O})\boldsymbol{Q})\leqslant\mathrm{r}(\boldsymbol{U})$，$\mathrm{r}(\boldsymbol{BC})=\mathrm{r}\left(\boldsymbol{P}\begin{bmatrix}\boldsymbol{E}_{r\times r}\\ \boldsymbol{O}\end{bmatrix}\boldsymbol{V}\right)\leqslant\mathrm{r}(\boldsymbol{V})$，

于是可得 $\mathrm{r}(\boldsymbol{ABC})\geqslant\mathrm{r}(\boldsymbol{U})+\mathrm{r}(\boldsymbol{V})-\mathrm{r}(\boldsymbol{B})\geqslant\mathrm{r}(\boldsymbol{AB})+\mathrm{r}(\boldsymbol{BC})-\mathrm{r}(\boldsymbol{B})$.

四、应用题

扫描题目右侧二维码，观看视频. 本题选②.

期末试题四

一、填空题

1. $x_1^2+5x_1x_2+4x_2^2$. **2.** 相. **3.** $x=-1,a=0,b=0$. **4.** $(1,0,0),(1,2,1)$. **5.** 1. **6.** 2.

7. a 为任意数，$b=1$. **8.** $\boldsymbol{C}$ 和 $\boldsymbol{D}$. **9.** 1. **10.** $\begin{bmatrix}1&2\\2&4\end{bmatrix}$.

二、计算题

1. $D=(-1)^2\begin{vmatrix}2&x\\y&x\end{vmatrix}\begin{vmatrix}x&3\\1&y\end{vmatrix}=(2x-xy)(xy-3)=2x^2y-x^2y^2-6x+3xy$.

2. $(\boldsymbol{A},\boldsymbol{\beta})=\begin{bmatrix}1&1&1&3\\a&1&1&2\end{bmatrix}\xrightarrow{\text{初等行变换}}\begin{bmatrix}1&1&1&3\\0&1-a&1-a&2-3a\end{bmatrix}$.

(1) 当 $1-a=0$ 即 $a=1$ 时，$\mathrm{r}(\boldsymbol{A})=1<\mathrm{r}(\boldsymbol{A},\boldsymbol{\beta})=2$，此时该方程组无解.

(2) 该方程组不存在唯一解的情况.

因为该方程组有唯一解当且仅当 $\mathrm{r}(\boldsymbol{A})=\mathrm{r}(\boldsymbol{A},\boldsymbol{\beta})=n=3$，

而该方程组的系数矩阵的秩 $\mathrm{r}(\boldsymbol{A})\leqslant2$.

(3) 当 $1-a\neq0$ 即 $a\neq1$ 时，$\mathrm{r}(\boldsymbol{A})=\mathrm{r}(\boldsymbol{A},\boldsymbol{\beta})=2<3$，此时该方程组有无穷多解. 又

$$\begin{bmatrix}1&1&1&3\\0&1-a&1-a&2-3a\end{bmatrix}\xrightarrow{\text{初等行变换}}\begin{bmatrix}1&0&0&1/(1-a)\\0&1&1&(2-3a)/(1-a)\end{bmatrix},$$

由此可得该方程组的通解为 $\boldsymbol{x}=\begin{bmatrix}1/(1-a)\\(2-3a)/(1-a)\\0\end{bmatrix}+k\begin{bmatrix}0\\-1\\1\end{bmatrix}$，其中 k 为任意数.

3. $\boldsymbol{X}=-(\boldsymbol{A}-2\boldsymbol{E})^{-1}\boldsymbol{A}=-\begin{bmatrix}1&1&0\\1&0&0\\0&0&1\end{bmatrix}\begin{bmatrix}2&1&0\\1&1&0\\0&0&3\end{bmatrix}=\begin{bmatrix}-3&-2&0\\-2&-1&0\\0&0&-3\end{bmatrix}$.

4. (1) 由条件得 $\boldsymbol{A}$ 可相似对角化，且 $\boldsymbol{A}$ 的特征值为 $\lambda_1=\lambda_2=1,\lambda_3=2$，

所以 $\boldsymbol{A}$ 的二重特征值 1 的几何重数 $t=3-\mathrm{r}(\boldsymbol{A}-1\boldsymbol{E})=2$，即 $\mathrm{r}(\boldsymbol{A}-1\boldsymbol{E})=1$.

又 $\boldsymbol{A}-\boldsymbol{E}=\begin{bmatrix}0&a&0\\0&0&b\\0&0&1\end{bmatrix}$，所以 $a=0$，b 为任意数.

(2) 因为

$$(\boldsymbol{A}-1\boldsymbol{E})\boldsymbol{x}=\boldsymbol{0}\text{的一个基础解系为 }\boldsymbol{\xi}_1=\begin{bmatrix}1\\0\\0\end{bmatrix},\boldsymbol{\xi}_2=\begin{bmatrix}0\\1\\0\end{bmatrix},$$

$$(\boldsymbol{A}-2\boldsymbol{E})\boldsymbol{x}=\boldsymbol{0}\text{的一个基础解系为 }\boldsymbol{\xi}_3=\begin{bmatrix}0\\b\\1\end{bmatrix},$$

于是令 $\boldsymbol{P}=(\boldsymbol{\xi}_1,\boldsymbol{\xi}_3,\boldsymbol{\xi}_2)=\begin{bmatrix}1&0&0\\0&b&1\\0&1&0\end{bmatrix}$,则 $\boldsymbol{P}^{-1}\boldsymbol{A}\boldsymbol{P}=\boldsymbol{B}$.

5. (1) 该二次型所对应的对称矩阵为 $\boldsymbol{A}=\begin{bmatrix}0&0&0\\0&0&1/2\\0&1/2&0\end{bmatrix}$.

(2) 由 $\boldsymbol{A}$ 的特征多项式 $|\lambda\boldsymbol{E}-\boldsymbol{A}|=\lambda(\lambda-1/2)(\lambda+1/2)$ 得 $\lambda_1=0,\lambda_2=1/2,\lambda_3=-1/2$. 因为

$$(\boldsymbol{A}-\lambda_1\boldsymbol{E})\boldsymbol{x}=\boldsymbol{0}\text{的一个基础解系为 }\boldsymbol{\xi}_1=\begin{bmatrix}1\\0\\0\end{bmatrix},$$

$$(\boldsymbol{A}-\lambda_2\boldsymbol{E})\boldsymbol{x}=\boldsymbol{0}\text{的一个基础解系为 }\boldsymbol{\xi}_2=\frac{\sqrt{2}}{2}\begin{bmatrix}0\\1\\1\end{bmatrix},$$

$$(\boldsymbol{A}-\lambda_3\boldsymbol{E})\boldsymbol{x}=\boldsymbol{0}\text{的一个基础解系为 }\boldsymbol{\xi}_3=\frac{\sqrt{2}}{2}\begin{bmatrix}0\\-1\\1\end{bmatrix},$$

于是令 $\boldsymbol{Q}=(\boldsymbol{\xi}_1,\boldsymbol{\xi}_2,\boldsymbol{\xi}_3)=\begin{bmatrix}1&0&0\\0&\sqrt{2}/2&-\sqrt{2}/2\\0&\sqrt{2}/2&\sqrt{2}/2\end{bmatrix}$, $\boldsymbol{x}=\boldsymbol{Q}\boldsymbol{y}$,则 $f(x_1,x_2,x_3)=\frac{1}{2}y_2^2-\frac{1}{2}y_3^2$.

三、证明题

1. 假若该线性方程组有解,则存在 $\boldsymbol{x}=(k_1,k_2)^{\mathrm{T}}$,使得

$$(\boldsymbol{\alpha}_1,\boldsymbol{\alpha}_2)\boldsymbol{x}=k_1\boldsymbol{\alpha}_1+k_2\boldsymbol{\alpha}_2=\boldsymbol{\alpha}_1+\boldsymbol{\alpha}_3,\quad\text{即}\quad(k_1-1)\boldsymbol{\alpha}_1+k_2\boldsymbol{\alpha}_2-\boldsymbol{\alpha}_3=\boldsymbol{0},$$

因而 $\boldsymbol{\alpha}_1,\boldsymbol{\alpha}_2,\boldsymbol{\alpha}_3$ 线性相关,与 $\boldsymbol{A}$ 是可逆矩阵矛盾.

2. 因为 $\boldsymbol{A}=\boldsymbol{A}^2$,即 $\boldsymbol{BC}=\boldsymbol{BCBC}$,所以 $\boldsymbol{B}(\boldsymbol{C}-\boldsymbol{CBC})=\boldsymbol{O}$,故 $\mathrm{r}(\boldsymbol{B})+\mathrm{r}(\boldsymbol{C}-\boldsymbol{CBC})\leqslant r$.
又因为 $\mathrm{r}(\boldsymbol{B})=r$,所以 $\mathrm{r}(\boldsymbol{C}-\boldsymbol{CBC})=0$,由此可得 $(\boldsymbol{E}_r-\boldsymbol{CB})\boldsymbol{C}=\boldsymbol{O}$,故 $\mathrm{r}(\boldsymbol{E}_r-\boldsymbol{CB})+\mathrm{r}(\boldsymbol{C})\leqslant r$.
又因为 $\mathrm{r}(\boldsymbol{C})=r$,所以 $\mathrm{r}(\boldsymbol{E}_r-\boldsymbol{CB})=0$,可见 $\boldsymbol{CB}=\boldsymbol{E}_r$.

期末试题五

一、填空题

1. $-\frac{16}{27}$. **2.** a 为任意数,$b\neq0$. **3.** -5. **4.** 1. **5.** $(0,-2)$. **6.** $\frac{3}{2}$ 或 -1. **7.** 1. **8.** $a<0$ 或 $a>1$.
9. $y_1^2+0y_2^2+0y_3^2$. **10.** ②③.

二、计算题

1. $$D=\begin{vmatrix}x+a&b&c&d\\a&x+b&c&d\\a&b&x+c&d\\a&b&c&x+d\end{vmatrix}=\begin{vmatrix}x+a+b+c+d&b&c&d\\x+a+b+c+d&x+b&c&d\\x+a+b+c+d&b&x+c&d\\x+a+b+c+d&b&c&x+d\end{vmatrix}$$

$$=(x+a+b+c+d)\begin{vmatrix}1&b&c&d\\1&x+b&c&d\\1&b&x+c&d\\1&b&c&x+d\end{vmatrix}=(x+a+b+c+d)\begin{vmatrix}1&0&0&0\\1&x&0&0\\1&0&x&0\\1&0&0&x\end{vmatrix}$$

$=(x+a+b+c+d)x^3$.

2. (1) 令 $\boldsymbol{A}=(\boldsymbol{\alpha}_1,\boldsymbol{\alpha}_2,\boldsymbol{\beta}_1,\boldsymbol{\beta}_2)$，$\boldsymbol{x}=(x_1,x_2,x_3,x_4)^{\mathrm{T}}$，

则 $\boldsymbol{A}$ 为 3×4 矩阵，$\mathrm{r}(\boldsymbol{A})\leqslant3<4$，因而齐次线性方程组 $\boldsymbol{Ax}=\boldsymbol{0}$ 有非零解.

设 $\boldsymbol{\xi}=(k_1,k_2,k_3,k_4)^{\mathrm{T}}$ 为 $\boldsymbol{Ax}=\boldsymbol{0}$ 的一个非零解，则 $k_1\boldsymbol{\alpha}_1+k_2\boldsymbol{\alpha}_2+k_3\boldsymbol{\beta}_1+k_4\boldsymbol{\beta}_2=\boldsymbol{A\xi}=\boldsymbol{0}$.

若其中 $k_1=k_2=0$，则 k_3,k_4 不全为零而且 $k_3\boldsymbol{\beta}_1+k_4\boldsymbol{\beta}_2-\boldsymbol{0}$，

这与“$\boldsymbol{\beta}_1,\boldsymbol{\beta}_2$ 线性无关”矛盾，可见 k_1,k_2 不全为零.

于是令 $\boldsymbol{\gamma}=k_1\boldsymbol{\alpha}_1+k_2\boldsymbol{\alpha}_2$，则由 k_1,k_2 不全为零以及 $\boldsymbol{\alpha}_1,\boldsymbol{\alpha}_2$ 线性无关可知 $\boldsymbol{\gamma}\neq\boldsymbol{0}$，

而且由 $k_1\boldsymbol{\alpha}_1+k_2\boldsymbol{\alpha}_2+k_3\boldsymbol{\beta}_1+k_4\boldsymbol{\beta}_2=\boldsymbol{0}$ 可得 $\boldsymbol{\gamma}=k_1\boldsymbol{\alpha}_1+k_2\boldsymbol{\alpha}_2=-k_3\boldsymbol{\beta}_1-k_4\boldsymbol{\beta}_2$.

可见存在非零向量 $\boldsymbol{\gamma}$，使得 $\boldsymbol{\gamma}$ 既可由 $\boldsymbol{\alpha}_1,\boldsymbol{\alpha}_2$ 线性表示，又可由 $\boldsymbol{\beta}_1,\boldsymbol{\beta}_2$ 线性表示.

(2) 当 $\boldsymbol{\alpha}_1=\begin{bmatrix}1\\0\\2\end{bmatrix},\boldsymbol{\alpha}_2=\begin{bmatrix}2\\-1\\3\end{bmatrix},\boldsymbol{\beta}_1=\begin{bmatrix}-3\\2\\-5\end{bmatrix},\boldsymbol{\beta}_2=\begin{bmatrix}0\\1\\1\end{bmatrix}$ 时，有

$$\boldsymbol{A}=(\boldsymbol{\alpha}_1,\boldsymbol{\alpha}_2,\boldsymbol{\beta}_1,\boldsymbol{\beta}_2)=\begin{bmatrix}1&2&-3&0\\0&-1&2&1\\2&3&-5&1\end{bmatrix}\to\begin{bmatrix}1&2&-3&0\\0&-1&2&1\\0&-1&1&1\end{bmatrix}$$

$$\to\begin{bmatrix}1&2&-3&0\\0&1&-2&-1\\0&-1&1&1\end{bmatrix}\to\begin{bmatrix}1&0&1&2\\0&1&-2&-1\\0&0&-1&0\end{bmatrix}\to\begin{bmatrix}1&0&0&2\\0&1&0&-1\\0&0&1&0\end{bmatrix},$$

由此可得 $\boldsymbol{Ax}=\boldsymbol{0}$ 的通解为

$$\begin{cases}x_1=-2c,\\x_2=c,\\x_3=0,\\x_4=c,\end{cases}\quad\text{其中 } c \text{ 为任意数.}$$

于是由(1)可知所有既可由 $\boldsymbol{\alpha}_1,\boldsymbol{\alpha}_2$ 线性表示，又可由 $\boldsymbol{\beta}_1,\boldsymbol{\beta}_2$ 线性表示的向量为

$$\boldsymbol{\gamma}=-2c\boldsymbol{\alpha}_1+c\boldsymbol{\alpha}_2=-c\boldsymbol{\beta}_2=(0,-c,-c)^{\mathrm{T}},\quad\text{其中 } c \text{ 为任意数.}$$

3. 因为 $|\boldsymbol{A}|=-1$，$\boldsymbol{A}^*\boldsymbol{A}=|\boldsymbol{A}|\boldsymbol{E}=-\boldsymbol{E}$，可得

$$\boldsymbol{ABA}^{-1}=\boldsymbol{BA}^*+2\boldsymbol{E}\Leftrightarrow\boldsymbol{AB}=\boldsymbol{BA}^*\boldsymbol{A}+2\boldsymbol{A}\Leftrightarrow\boldsymbol{AB}=-\boldsymbol{B}+2\boldsymbol{A}\Leftrightarrow(\boldsymbol{A}+\boldsymbol{E})\boldsymbol{B}=2\boldsymbol{A},$$

其中 $\boldsymbol{A}+\boldsymbol{E}=\begin{bmatrix}2&0&0\\0&2&-1\\0&2&-2\end{bmatrix}$ 的行列式 $\begin{vmatrix}2&0&0\\0&2&-1\\0&2&-2\end{vmatrix}=-4\neq0$，故 $\boldsymbol{A}+\boldsymbol{E}$ 可逆，因而

$$\boldsymbol{ABA}^{-1}=\boldsymbol{BA}^*+2\boldsymbol{E}\Leftrightarrow(\boldsymbol{A}+\boldsymbol{E})\boldsymbol{B}=2\boldsymbol{A}\Leftrightarrow\boldsymbol{B}=2(\boldsymbol{A}+\boldsymbol{E})^{-1}\boldsymbol{A}.$$

又因为 $(\boldsymbol{A}+\boldsymbol{E})^{-1}=\dfrac{1}{|\boldsymbol{A}+\boldsymbol{E}|}(\boldsymbol{A}+\boldsymbol{E})^*=\begin{bmatrix}1/2&0&0\\0&1&-1/2\\0&1&-1\end{bmatrix}$，所以 $\boldsymbol{B}=\begin{bmatrix}1&0&0\\0&0&1\\0&-2&4\end{bmatrix}$.

4. (1) 因为

$$|\lambda\boldsymbol{E}-\boldsymbol{A}|=\begin{vmatrix}\lambda-1&0&-2\\0&\lambda-1&-1\\0&-a&\lambda+3\end{vmatrix}=(\lambda-1)\begin{vmatrix}\lambda-1&-1\\-a&\lambda+3\end{vmatrix}=(\lambda-1)(\lambda^2+2\lambda-3-a),$$

令 $f(\lambda)=\lambda^2+2\lambda-3-a$.

若 1 是 $\boldsymbol{A}$ 的二重特征值，则 $f(1)=0$，由此可得 $a=0$；

若 1 不是 $\boldsymbol{A}$ 的二重特征值，则 $f(\lambda)$ 有重根，故其判别式 $\Delta=4+4(3+a)=0$，由此可得 $a=-4$.

(2) 当 $a=0$ 时，$|\lambda\boldsymbol{E}-\boldsymbol{A}|=(\lambda-1)^2(\lambda+3)$，可见 $\boldsymbol{A}$ 的特征值为 $\lambda_1=\lambda_2=1,\lambda_3=-3$，

由 $\mathrm{r}(\boldsymbol{E}-\boldsymbol{A})=1$ 可知 $\boldsymbol{A}$ 的 Jordan 标准形为 $\boldsymbol{J}=\begin{bmatrix}1&0&0\\0&1&0\\0&0&-3\end{bmatrix}$，

$\boldsymbol{A}$ 的最小多项式为 $m(\lambda)=(\lambda-1)(\lambda+3)$，

又 $\boldsymbol{A}^2\sim\boldsymbol{J}^2=\begin{bmatrix}1&0&0\\0&1&0\\0&0&9\end{bmatrix}$，可见 $\boldsymbol{A}^2$ 的 Jordan 标准形为 $\begin{bmatrix}1&0&0\\0&1&0\\0&0&9\end{bmatrix}$；

当 $a=-4$ 时，$|\lambda\boldsymbol{E}-\boldsymbol{A}|=(\lambda-1)(\lambda+1)^2$，可见 $\boldsymbol{A}$ 的特征值为 $\lambda_1=1,\lambda_2=\lambda_3=-1$，

由 $\mathrm{r}(-\boldsymbol{E}-\boldsymbol{A})=2$ 可知 $\boldsymbol{A}$ 的 Jordan 标准形为 $\boldsymbol{J}=\begin{bmatrix}1&0&0\\0&-1&1\\0&0&-1\end{bmatrix}$，

$\boldsymbol{A}$ 的最小多项式为 $m(\lambda)=(\lambda-1)(\lambda+1)^2$，

又 $\boldsymbol{A}^2\sim\boldsymbol{J}^2=\begin{bmatrix}1&0&0\\0&1&-2\\0&0&1\end{bmatrix}\sim\begin{bmatrix}1&0&0\\0&1&1\\0&0&1\end{bmatrix}$，由此可见 $\boldsymbol{A}^2$ 的 Jordan 标准形为 $\begin{bmatrix}1&0&0\\0&1&1\\0&0&1\end{bmatrix}$.

5. 二次型 $f(x_1,x_2,x_3)=x_1^2+x_2^2+x_3^2-4x_1x_2-4x_2x_3-4x_1x_3$ 的矩阵 $\boldsymbol{A}=\begin{bmatrix}1&-2&-2\\-2&1&-2\\-2&-2&1\end{bmatrix}$. 由

$$|\lambda\boldsymbol{E}-\boldsymbol{A}|=\begin{vmatrix}\lambda-1&2&2\\2&\lambda-1&2\\2&2&\lambda-1\end{vmatrix}=\begin{vmatrix}\lambda+3&\lambda+3&\lambda+3\\2&\lambda-1&2\\2&2&\lambda-1\end{vmatrix}=(\lambda+3)\begin{vmatrix}1&1&1\\2&\lambda-1&2\\2&2&\lambda-1\end{vmatrix}$$

$$=(\lambda+3)\begin{vmatrix}1&1&1\\0&\lambda-3&0\\0&0&\lambda-3\end{vmatrix}=(\lambda-3)^2(\lambda+3),$$

可得 $\boldsymbol{A}$ 的特征值为 $\lambda_1=\lambda_2=3,\lambda_3=-3$. 又

$$(3\boldsymbol{E}-\boldsymbol{A})\boldsymbol{x}=\boldsymbol{0}\text{的一个基础解系为 }\boldsymbol{\xi}_1=\begin{bmatrix}-1\\1\\0\end{bmatrix},\boldsymbol{\xi}_2=\begin{bmatrix}1\\1\\-2\end{bmatrix},$$

$$(-3\boldsymbol{E}-\boldsymbol{A})\boldsymbol{x}=\boldsymbol{0}\text{的一个基础解系为 }\boldsymbol{\xi}_3=\begin{bmatrix}1\\1\\1\end{bmatrix},$$

其中 $\boldsymbol{\xi}_1,\boldsymbol{\xi}_2,\boldsymbol{\xi}_3$ 两两正交. 于是令

$$\boldsymbol{q}_1=\frac{\boldsymbol{\xi}_1}{\|\boldsymbol{\xi}_1\|}=\begin{bmatrix}-1/\sqrt{2}\\1/\sqrt{2}\\0\end{bmatrix},\quad \boldsymbol{q}_2=\frac{\boldsymbol{\xi}_2}{\|\boldsymbol{\xi}_2\|}=\begin{bmatrix}1/\sqrt{6}\\1/\sqrt{6}\\-2/\sqrt{6}\end{bmatrix},\quad \boldsymbol{q}_3=\frac{\boldsymbol{\xi}_3}{\|\boldsymbol{\xi}_3\|}=\begin{bmatrix}1/\sqrt{3}\\1/\sqrt{3}\\1/\sqrt{3}\end{bmatrix},$$

$$Q=(q_1,q_2,q_3)=\begin{bmatrix}-1/\sqrt{2} & 1/\sqrt{6} & 1/\sqrt{3}\\ 1/\sqrt{2} & 1/\sqrt{6} & 1/\sqrt{3}\\ 0 & -2/\sqrt{6} & 1/\sqrt{3}\end{bmatrix},\quad x=\begin{bmatrix}x_1\\ x_2\\ x_3\end{bmatrix},\quad y=\begin{bmatrix}y_1\\ y_2\\ y_3\end{bmatrix},$$

则二次型 f 经过正交变换 $x=Qy$ 可化为标准形 $3y_1^2+3y_2^2-3y_3^2$.

三、证明题

1. 因为 A 满足 $A^2=A$,所以 $A(A-E)=A^2-A=O$. 假若 $|A|\neq 0$,则 A 可逆,因而

$$A-E=A^{-1}A(A-E)=A^{-1}O=O,$$

故 $A=E$. 这与 $A\neq E$ 矛盾,可见 $|A|=0$.

2. 若 $\mathrm{r}(A)$ 和 $\mathrm{r}(B)$ 都小于 2,则 $|A|=0=|B|$,此时 $\begin{vmatrix}|A| & |B|\\ |C| & |D|\end{vmatrix}=\begin{vmatrix}0 & 0\\ |C| & |D|\end{vmatrix}=0$.

若 $\mathrm{r}(A)=2$,则 A 可逆,于是有

$$\begin{bmatrix}A^{-1} & O\\ -CA^{-1} & E\end{bmatrix}\begin{bmatrix}A & B\\ C & D\end{bmatrix}\begin{bmatrix}E & -A^{-1}B\\ O & E\end{bmatrix}=\begin{bmatrix}E & O\\ O & D-CA^{-1}B\end{bmatrix},$$

其中 $\begin{bmatrix}A^{-1} & O\\ -CA^{-1} & E\end{bmatrix}$ 和 $\begin{bmatrix}E & -A^{-1}B\\ O & E\end{bmatrix}$ 可逆,

故由 $\mathrm{r}\left(\begin{bmatrix}E & O\\ O & D-CA^{-1}B\end{bmatrix}\right)=\mathrm{r}\left(\begin{bmatrix}A & B\\ C & D\end{bmatrix}\right)=2$ 可知 $D-CA^{-1}B=O$,因而

$$D=CA^{-1}B,\quad |D|=|CA^{-1}B|=|C|\,|A^{-1}|\,|B|=|C|\,|A|^{-1}\,|B|,$$

由此可得 $|A|\,|D|=|C|\,|B|$,故 $\begin{vmatrix}|A| & |B|\\ |C| & |D|\end{vmatrix}=|A|\,|D|-|C|\,|B|=0$.

若 $\mathrm{r}(B)=2$,则 B 可逆,于是有

$$\begin{bmatrix}B^{-1} & O\\ -DB^{-1} & E\end{bmatrix}\begin{bmatrix}A & B\\ C & D\end{bmatrix}\begin{bmatrix}O & E\\ E & -B^{-1}A\end{bmatrix}=\begin{bmatrix}E & O\\ O & C-DB^{-1}A\end{bmatrix},$$

其中 $\begin{bmatrix}B^{-1} & O\\ -DB^{-1} & E\end{bmatrix}$ 和 $\begin{bmatrix}O & E\\ E & -B^{-1}A\end{bmatrix}$ 可逆,

故由 $\mathrm{r}\left(\begin{bmatrix}E & O\\ O & C-DB^{-1}A\end{bmatrix}\right)=\mathrm{r}\left(\begin{bmatrix}A & B\\ C & D\end{bmatrix}\right)=2$ 可知 $C-DB^{-1}A=O$,因而

$$C=DB^{-1}A,\quad |C|=|DB^{-1}A|=|D|\,|B^{-1}|\,|A|=|D|\,|B|^{-1}\,|A|,$$

由此可得 $|C|\,|B|=|D|\,|A|$,故 $\begin{vmatrix}|A| & |B|\\ |C| & |D|\end{vmatrix}=|A|\,|D|-|C|\,|B|=0$.

期末试题六

一、填空题

1. -6. **2.** 1. **3.** 1. **4.** $(-4,3)^{\mathrm{T}}$. **5.** $\begin{bmatrix}0 & 1\\ 1 & 2\end{bmatrix}$. **6.** $B-E$. **7.** $x<4,y=3$. **8.** $\begin{bmatrix}2 & 0\\ 0 & 1\end{bmatrix}$.

9. $(1,1/2)^{\mathrm{T}}$. **10.** $\begin{bmatrix}2 & 0 & 0\\ 0 & 1 & 1\\ 0 & 0 & 1\end{bmatrix}$.

二、计算题

1. 当 $n=1$ 时，$D_1=3$.

当 $n=2$ 时，$D_2=\begin{vmatrix}3&1\\2&3\end{vmatrix}=7$.

当 $n\geqslant 3$ 时，把 D_n 按第 1 行展开得

$$D_n=3\times(-1)^{1+1}\begin{vmatrix}3&1&0&\cdots&0\\2&3&1&\ddots&\vdots\\0&\ddots&\ddots&\ddots&0\\\vdots&\ddots&2&3&1\\0&\cdots&0&2&3\end{vmatrix}_{(n-1)\times(n-1)}+1\times(-1)^{1+2}\begin{vmatrix}2&1&0&\cdots&0\\0&3&1&\ddots&\vdots\\0&2&\ddots&\ddots&0\\\vdots&\ddots&\ddots&3&1\\0&\cdots&0&2&3\end{vmatrix}_{(n-1)\times(n-1)}$$

$$=3D_{n-1}-2D_{n-2},$$

由此可得

$$\begin{cases}D_n-D_{n-1}=2(D_{n-1}-D_{n-2})=\cdots=2^{n-2}(D_2-D_1)=2^n,\\D_n-2D_{n-1}=D_{n-1}-2D_{n-2}=\cdots=D_2-2D_1=1,\end{cases}$$

进而得到 $D_n=2^{n+1}-1$. 这个等式对于 $n=1,2$ 也成立.

综上所述，对于任意的正整数 n，有 $D_n=2^{n+1}-1$.

2. $$(\boldsymbol{\alpha}_1,\boldsymbol{\alpha}_2,\boldsymbol{\alpha}_3,\boldsymbol{\beta}_1,\boldsymbol{\beta}_2)=\begin{bmatrix}1&1&0&1&a\\2&3&1&4&3\\1&-1&b&-3&0\end{bmatrix}\to\begin{bmatrix}1&1&0&1&a\\0&1&1&2&3-2a\\0&-2&b&-4&-a\end{bmatrix}\to\begin{bmatrix}1&1&0&1&a\\0&1&1&2&3-2a\\0&0&b+2&0&6-5a\end{bmatrix}.$$

因为 $\boldsymbol{\beta}_1,\boldsymbol{\beta}_2$ 可以由 $\boldsymbol{\alpha}_1,\boldsymbol{\alpha}_2,\boldsymbol{\alpha}_3$ 线性表示，且表达式不唯一，所以 $b+2=6-5a=0$，即 $a=6/5,b=-2$. 此时

$$\begin{bmatrix}1&1&0&1&a\\0&1&1&2&3-2a\\0&0&b+2&0&6-5a\end{bmatrix}=\begin{bmatrix}1&1&0&1&6/5\\0&1&1&2&3/5\\0&0&0&0&0\end{bmatrix}\to\begin{bmatrix}1&0&-1&-1&3/5\\0&1&1&2&3/5\\0&0&0&0&0\end{bmatrix}.$$

令 $\boldsymbol{\beta}_1=x_1\boldsymbol{\alpha}_1+x_2\boldsymbol{\alpha}_2+x_3\boldsymbol{\alpha}_3$，则由上式可得

$$\begin{cases}x_1-x_3=-1,\\x_2+x_3=2,\end{cases}\quad\text{即}\quad\begin{cases}x_1=x_3-1,\\x_2=-x_3+2,\end{cases}$$

于是可得线性方程组 $(\boldsymbol{\alpha}_1,\boldsymbol{\alpha}_2,\boldsymbol{\alpha}_3)\boldsymbol{x}=\boldsymbol{\beta}_1$ 的通解为 $\begin{cases}x_1=c-1,\\x_2=-c+2,\\x_3=c,\end{cases}$ 即

$$\boldsymbol{\beta}_1=(c-1)\boldsymbol{\alpha}_1+(2-c)\boldsymbol{\alpha}_2+c\boldsymbol{\alpha}_3,\quad \text{其中 } c \text{ 为任意数}.$$

3. 因为 $\boldsymbol{XA}-\boldsymbol{AXA}=\boldsymbol{E}-\boldsymbol{A}^2\Leftrightarrow(\boldsymbol{E}-\boldsymbol{A})\boldsymbol{XA}=(\boldsymbol{E}-\boldsymbol{A})(\boldsymbol{E}+\boldsymbol{A})$，

其中 $\boldsymbol{E}-\boldsymbol{A}=\begin{bmatrix}0&0&-1\\0&-1&0\\1&0&0\end{bmatrix}$ 的行列式 $\begin{vmatrix}0&0&-1\\0&-1&0\\1&0&0\end{vmatrix}=-1\neq0$，$|\boldsymbol{A}|=4\neq0$，故 $\boldsymbol{E}-\boldsymbol{A},\boldsymbol{A}$ 可逆，因而

$$(\boldsymbol{E}-\boldsymbol{A})\boldsymbol{XA}=\boldsymbol{E}-\boldsymbol{A}^2\Leftrightarrow\boldsymbol{XA}=\boldsymbol{E}+\boldsymbol{A}\Leftrightarrow\boldsymbol{X}=(\boldsymbol{E}+\boldsymbol{A})\boldsymbol{A}^{-1}=\boldsymbol{A}^{-1}+\boldsymbol{E}.$$

又因为 $\boldsymbol{A}^{-1}=\dfrac{1}{|\boldsymbol{A}|}\boldsymbol{A}^*=\begin{bmatrix}1/2&0&-1/2\\0&1/2&0\\1/2&0&1/2\end{bmatrix}$，所以 $\boldsymbol{X}=\begin{bmatrix}3/2&0&-1/2\\0&3/2&0\\1/2&0&3/2\end{bmatrix}$.

4. $|\lambda\boldsymbol{E}-\boldsymbol{A}|=\begin{vmatrix}\lambda-3&-2&2\\a&\lambda+1&-a\\-4&-2&\lambda+3\end{vmatrix}=\begin{vmatrix}\lambda-1&-2&2\\0&\lambda+1&-a\\\lambda-1&-2&\lambda+3\end{vmatrix}=(\lambda-1)\begin{vmatrix}1&-2&2\\0&\lambda+1&-a\\1&-2&\lambda+3\end{vmatrix}$

$$=(\lambda-1)\begin{vmatrix}1&-2&2\\0&\lambda+1&-a\\0&0&\lambda+1\end{vmatrix}=(\lambda-1)(\lambda+1)^2,$$

可见 $\boldsymbol{A}$ 的特征值为 $\lambda_1=1,\lambda_2=\lambda_3=-1$.

因为 $\boldsymbol{A}$ 相似于对角阵,所以 $\boldsymbol{A}$ 有 2 个线性无关的特征向量与特征值 -1 对应,

因而 $3-\mathrm{r}(-\boldsymbol{E}-\boldsymbol{A})=2$,即 $\mathrm{r}(-\boldsymbol{E}-\boldsymbol{A})=1$. 又

$$-\boldsymbol{E}-\boldsymbol{A}=\begin{bmatrix}-4&-2&2\\a&0&-a\\-4&-2&2\end{bmatrix}\to\begin{bmatrix}-4&-2&2\\a&0&-a\\0&0&0\end{bmatrix},$$

于是由 $\mathrm{r}(-\boldsymbol{E}-\boldsymbol{A})=1$ 可得 $a=0$. 此时 $\boldsymbol{A}=\begin{bmatrix}3&2&-2\\0&-1&0\\4&2&-3\end{bmatrix}$,可得

$$(\boldsymbol{E}-\boldsymbol{A})\boldsymbol{x}=\boldsymbol{0}\text{的一个基础解系为 }\boldsymbol{\xi}_1=\begin{bmatrix}1\\0\\1\end{bmatrix},$$

$$(-\boldsymbol{E}-\boldsymbol{A})\boldsymbol{x}=\boldsymbol{0}\text{的一个基础解系为 }\boldsymbol{\xi}_2=\begin{bmatrix}1\\-1\\1\end{bmatrix},\boldsymbol{\xi}_3=\begin{bmatrix}0\\1\\1\end{bmatrix},$$

于是令 $\boldsymbol{P}=(\boldsymbol{\xi}_1,\boldsymbol{\xi}_2,\boldsymbol{\xi}_3)=\begin{bmatrix}1&1&0\\0&-1&1\\1&1&1\end{bmatrix},\boldsymbol{\Lambda}=\begin{bmatrix}\lambda_1&0&0\\0&\lambda_2&0\\0&0&\lambda_3\end{bmatrix}=\begin{bmatrix}1&0&0\\0&-1&0\\0&0&-1\end{bmatrix}$,则 $\boldsymbol{P}^{-1}\boldsymbol{A}\boldsymbol{P}=\boldsymbol{\Lambda}$.

5. 二次型 $f(x_1,x_2,x_3)=2x_1^2+ax_2^2+2x_3^2+2x_1x_2+2x_1x_3-2x_2x_3$ 的矩阵

$$\boldsymbol{A}=\begin{bmatrix}2&1&1\\1&a&-1\\1&-1&2\end{bmatrix}\to\begin{bmatrix}1&-1&2\\1&a&-1\\2&1&1\end{bmatrix}\to\begin{bmatrix}1&-1&2\\0&a+1&-3\\0&3&-3\end{bmatrix}$$

$$\to\begin{bmatrix}1&-1&2\\0&3&-3\\0&a+1&-3\end{bmatrix}\to\begin{bmatrix}1&-1&2\\0&1&-1\\0&a+1&-3\end{bmatrix}\to\begin{bmatrix}1&-1&2\\0&1&-1\\0&0&a-2\end{bmatrix},$$

故由 $\mathrm{r}(\boldsymbol{A})=\mathrm{r}(f)=2$ 可知 $a-2=0$,即 $a=2$. 此时,$\boldsymbol{A}=\begin{bmatrix}2&1&1\\1&2&-1\\1&-1&2\end{bmatrix}$,则

$$|\lambda\boldsymbol{E}-\boldsymbol{A}|=\begin{vmatrix}\lambda-2&-1&-1\\-1&\lambda-2&1\\-1&1&\lambda-2\end{vmatrix}=\begin{vmatrix}\lambda&-\lambda&-\lambda\\-1&\lambda-2&1\\-1&1&\lambda-2\end{vmatrix}=\lambda\begin{vmatrix}1&-1&-1\\-1&\lambda-2&1\\-1&1&\lambda-2\end{vmatrix}$$

$$=\lambda\begin{vmatrix}1&-1&-1\\0&\lambda-3&0\\0&0&\lambda-3\end{vmatrix}=\lambda(\lambda-3)^2,$$

可见 $\boldsymbol{A}$ 的特征值为 $\lambda_1=\lambda_2=3,\lambda_3=0$. 计算可得

$$(3\boldsymbol{E}-\boldsymbol{A})\boldsymbol{x}=\boldsymbol{0}\text{的一个基础解系为 }\boldsymbol{\xi}_1=\begin{bmatrix}1\\1\\0\end{bmatrix},\boldsymbol{\xi}_2=\begin{bmatrix}1\\-1\\2\end{bmatrix},$$

$$(0\boldsymbol{E}-\boldsymbol{A})\boldsymbol{x}=\boldsymbol{0}\text{的一个基础解系为 }\boldsymbol{\xi}_3=\begin{bmatrix}-1\\1\\1\end{bmatrix},$$

其中 $\boldsymbol{\xi}_1,\boldsymbol{\xi}_2,\boldsymbol{\xi}_3$ 两两正交. 于是令

$$\boldsymbol{q}_1=\frac{\boldsymbol{\xi}_1}{\|\boldsymbol{\xi}_1\|}=\begin{bmatrix}1/\sqrt{2}\\1/\sqrt{2}\\0\end{bmatrix},\quad \boldsymbol{q}_2=\frac{\boldsymbol{\xi}_2}{\|\boldsymbol{\xi}_2\|}=\begin{bmatrix}1/\sqrt{6}\\-1/\sqrt{6}\\2/\sqrt{6}\end{bmatrix},\quad \boldsymbol{q}_3=\frac{\boldsymbol{\xi}_3}{\|\boldsymbol{\xi}_3\|}=\begin{bmatrix}-1/\sqrt{3}\\1/\sqrt{3}\\1/\sqrt{3}\end{bmatrix},$$

$$\boldsymbol{Q}=(\boldsymbol{q}_1,\boldsymbol{q}_2,\boldsymbol{q}_3)=\begin{bmatrix}1/\sqrt{2}&1/\sqrt{6}&-1/\sqrt{3}\\1/\sqrt{2}&-1/\sqrt{6}&1/\sqrt{3}\\0&2/\sqrt{6}&1/\sqrt{3}\end{bmatrix},\quad \boldsymbol{x}=\begin{bmatrix}x_1\\x_2\\x_3\end{bmatrix},\quad \boldsymbol{y}=\begin{bmatrix}y_1\\y_2\\y_3\end{bmatrix},$$

则二次型 f 经过正交变换 $\boldsymbol{x}=\boldsymbol{Qy}$ 可化为标准形 $3y_1^2+3y_2^2+0y_3^2$.

三、证明题

1. (⇒)若 $s\times n$ 矩阵 $\boldsymbol{A}$ 的秩 $\mathrm{r}(\boldsymbol{A})=n$,则其等价标准形为 $\begin{bmatrix}\boldsymbol{E}\\\boldsymbol{O}\end{bmatrix}$,其中 $\boldsymbol{E}$ 为 n 阶单位矩阵.

 换言之,存在 s 阶可逆矩阵 $\boldsymbol{P}$ 和 n 阶可逆矩阵 $\boldsymbol{Q}$,使得 $\boldsymbol{PAQ}=\begin{bmatrix}\boldsymbol{E}\\\boldsymbol{O}\end{bmatrix}$.

 于是令 $\boldsymbol{B}=\boldsymbol{Q}(\boldsymbol{E},\boldsymbol{O})\boldsymbol{P}$,则 $\boldsymbol{B}$ 为 $n\times s$ 矩阵,而且

$$\boldsymbol{BA}=\boldsymbol{Q}(\boldsymbol{E},\boldsymbol{O})\boldsymbol{PP}^{-1}\begin{bmatrix}\boldsymbol{E}\\\boldsymbol{O}\end{bmatrix}\boldsymbol{Q}^{-1}=\boldsymbol{Q}(\boldsymbol{E},\boldsymbol{O})\begin{bmatrix}\boldsymbol{E}\\\boldsymbol{O}\end{bmatrix}\boldsymbol{Q}^{-1}=\boldsymbol{QEQ}^{-1}=\boldsymbol{QQ}^{-1}=\boldsymbol{E}.$$

 (⇐)若 $\boldsymbol{BA}=\boldsymbol{E}$,其中 $\boldsymbol{A}$ 为 $s\times n$ 矩阵,$\boldsymbol{B}$ 为 $n\times s$ 矩阵,则

$$n=\mathrm{r}(\boldsymbol{E})=\mathrm{r}(\boldsymbol{BA})\leqslant\mathrm{r}(\boldsymbol{A})\leqslant n,$$

 故 $\mathrm{r}(\boldsymbol{A})=n$.

2. 因为 $\boldsymbol{A}=(a_{ij})_{n\times n}$ 是 n 阶正定矩阵,所以 $a_{ij}=a_{ji}\in\mathbf{R}$,对于任意的 $i,j=1,2,\cdots,n$.
 令 $b_{ij}=b_ib_ja_{ij}$,则由 $b_i,b_j,a_{ij}=a_{ji}\in\mathbf{R}$ 可得 $b_{ij}=b_ib_ja_{ij}=b_jb_ia_{ji}=b_{ji}\in\mathbf{R}$,可见 $\boldsymbol{B}$ 也是实对称矩阵.
 对于任意的 $1\leqslant k\leqslant n$,由 $\boldsymbol{A}$ 正定可知 $\boldsymbol{A}$ 的 k 阶顺序主子式

$$\begin{vmatrix}a_{11}&\cdots&a_{1k}\\\vdots&&\vdots\\a_{k1}&\cdots&a_{kk}\end{vmatrix}>0,$$

 于是由实数 $b_i\neq0(i=1,2,\cdots,n)$ 可知 $\boldsymbol{B}$ 的 k 阶顺序主子式

$$\begin{vmatrix}b_1b_1a_{11}&\cdots&b_1b_ka_{1k}\\\vdots&&\vdots\\b_kb_1a_{k1}&\cdots&b_kb_ka_{kk}\end{vmatrix}=(b_1\cdots b_k)^2\begin{vmatrix}a_{11}&\cdots&a_{1k}\\\vdots&&\vdots\\a_{k1}&\cdots&a_{kk}\end{vmatrix}>0,$$

 因而 $\boldsymbol{B}$ 也是正定矩阵.